有趣又好读的
逻辑学

| 刘 雯 ◎ 著 |

孔學堂書局

图书在版编目（CIP）数据

有趣又好读的逻辑学 / 刘雯著. -- 贵阳 : 孔学堂书局, 2025.3. -- ISBN 978-7-80770-654-0

Ⅰ. B81-49

中国国家版本馆CIP数据核字第2025WQ0562号

有趣又好读的逻辑学　刘　雯　著
YOUQU YOU HAODU DE LUOJIXUE

责任编辑：	胡国浚
特约编辑：	石胜利
封面设计：	出壳设计
版式设计：	王立刚

出版发行：贵州日报当代融媒体集团
　　　　　孔学堂书局
地　　址：贵阳市乌当区大坡路26号
印　　刷：三河市航远印刷有限公司
开　　本：710mm×1000mm　1/16
字　　数：196千字
印　　张：16.5
版　　次：2025年3月第1版
印　　次：2025年3月第1次印刷
书　　号：ISBN 978-7-80770-654-0
定　　价：58.00元

版权所有·翻印必究

前言

当人们听到"逻辑学"这三个字时,可能会感觉到既熟悉又陌生。说熟悉,是因为我们从小到大都知道这个词,每个人也都具有基础的逻辑思维能力,并且还知道这也是一门高深的学科;说陌生,是因为如果让我们来回答逻辑学具体研究什么?深入讲述了什么?相信很多人一时间会答不出来。

那么,逻辑学真的是一门晦涩难懂的学问吗?它是否只是那种让人望而却步的纸上理论?

事实并非如此,逻辑学是一门有趣又实用的学问,实实在在地充斥在我们生活的方方面面,甚至是一门被常人熟练运用的技巧。因此,著名逻辑学家金岳霖教授曾说:"逻辑是生活中找寻满足其愿望的实际工具。没有逻辑,我们的生活将十分沉重,以致几乎是不可能的。"

正如盲人夜间出行时的灯,也许他看不见,但是路上的行人与盲人确实需要这盏灯的光明,这就是逻辑学的深刻意义。也许在我们还没"看得清"它时，它已经成为我们大脑中重要的一个"思维开关"，无形中照亮了我们生活中对概念、事件进行思考、判断，甚至推理的所有道路。

生活中处处皆是逻辑，我们做事情之前，需要形成自己独特的逻辑思维，需要带着我们的"逻辑大脑"去做事、说话。只有这样，我们的思考才有意义，做事才有智慧。

培根说过："读史使人明智，读诗使人灵秀，数学使人周密，科学使人深刻，伦理学使人庄重，逻辑学使人善辩。"由此，我们可以看出逻辑学是一门多么重要的学科。它对一个人的沟通和表达具有重要的意义。如果一个人深谙"逻辑"，那么他就有可能妙语连珠、口吐莲花，能够让自己的观点直指人心。相反，一个不懂逻辑之人，可能在对方的逻辑谬误下"呆若木鸡"，连自己的观点都表述不明。

在一定程度上，逻辑也是一个人心智的象征。逻辑的模糊不明，势必让我们承担很多生活中的"不明"；思维的不清晰，也会导致我们的人生不清晰。所以，掌握逻辑学，对我们来说至关重要。

逻辑学充斥着大量的专业术语和频繁使用的象征性符号，这是人们掌握逻辑学的难点。本书作为逻辑学的基础性读本，完全摒弃枯涩难懂的逻辑学专业语言描述，而是每节用一个小故事为切入点，用幽默、有趣的语言，通过生动的案例与理论相结合，将逻辑学的基本原理和各种知识点娓娓道来，让读者朋友们在轻松阅读中，懂得什么是逻辑学，并掌握逻辑技巧的实操应用。

本书一共设计了八个章节，从引领读者走进逻辑学的大门，去初步感受逻辑学有哪些内容，到逐步深入讲述逻辑学的基本规律，让读者在一个个幽默故事中熟悉逻辑学的根本定律。这些定律是逻辑学的一把钥匙，引领我们真正打开逻辑学的大门。

本书能让读者分辨、明晰逻辑学中常见的谬误。在生活工作中，我们经常被一些逻辑谬误包围，但是我们并不能"认知"它。因此，我们需要通过对逻辑谬误的学习，以此来避免掉入陷阱。

本书通过解密逻辑学中的迥异思维，来拓展我们的逻辑思维能力。只有了解和学习不同的逻辑思维，我们才能够真正学会运用这些不同的"逻辑思维宝剑"，去解开思维中的谜题，学会更加智慧地解决问题。

本书通过大量的案例与精巧的语言设计，让读者可以学习不同的逻辑推理类型，熟悉深度的逻辑学推理知识。

本书用大量篇幅详细地讲解了缜密思维的逻辑技巧。通过阅读，让读者熟悉与学习技巧性的知识，把逻辑学应用于生活中。

本书升华了逻辑学在生活中的实用性，它让读者知道：逻辑并不只局限于诡辩之中，学好逻辑学更是做好个人成长、提高生活素养与工作能力的基础。

希望当你读完此书时，可以感受到如同对面坐了一位深谙逻辑学的老者，他摸着你的手，对你说一声："让逻辑学，成为你独有的尚方宝剑。"让你头脑灵敏而有序，于人生中变得更加智慧与从容。

愿每个人都拥有缜密的逻辑思维能力，愿每个人都掌握逻辑学，来实现自己更加卓越、美好的人生。

目录

第一章

走进逻辑学的大门

逻辑初识：会推理的儿子	002
逻辑思维和事物本质：我们分手吧	007
概念构筑逻辑：我心算特别快	013
逻辑学中的判断：尴尬的爷爷	019
主观想法和客观认知：喜欢下雨的人	026

第二章
探析逻辑学的基本规律

同一律：保留的头发	032
排中律：生死未卜	037
矛盾律：拿破仑小时候的头骨	043
充足理由律：矮个孩子与短腿母牛	048

第三章
逻辑学中的谬误

人身谬误：不守时的人说什么都没用	056
因果关系谬误：下雨天的奇葩论	062
滑坡谬误：可怕的人生假设	067
稻草人谬误：你果然不爱我了	072
非黑即白谬误：我怎么就支持恐怖分子了呢	078

第四章

解密逻辑学中的迥异思维

抽象思维：这不就是 1+1=2 吗　　　　　　　　　086

收敛思维：原来是百度呀　　　　　　　　　　　092

逆向思维：不敢不回家的丈夫　　　　　　　　　098

追踪思维：刨根问底的男孩　　　　　　　　　　104

博弈思维：有意思的猜拳游戏　　　　　　　　　110

侧向思维：可以吸的奶嘴　　　　　　　　　　　115

组合思维：汉堡不要面包　　　　　　　　　　　120

第五章

让论证更有力的逻辑推理

因果推理：吃辣炒饭时要注意保暖　　　　　　　126

归纳推理：兔子的生育能力　　　　　　　　　　131

类比推理：想吃公鸡下的蛋的国王　　　　　　　136

直接推理：失踪的鸡　　　　　　　　　　　　　141

选言推理："可怕"的减肥中心　　　　　　　　147

演绎推理：参议员先生也是鹅　　　　　　　　　153

第六章

全方位缜密思维的逻辑技巧

联想法则：明天交好运　　　　　　　　　　　　160

内省思维法则：看来，我不应该买车　　　　　　165

质疑法则：哭笑不得的服务员　　　　　　　　　170

积累经验法则：骂人的本领　　　　　　　　　　176

直接认知法则：聪明的小华　　　　　　　　　　182

排除法则：有趣的神鬼逻辑　　　　　　　　　　187

第七章

积极避开逻辑性误区

人多就力量大吗：兔子的爸爸是谁　　　　　　　192

偷换概念：认识孙中山　　　　　　　　　　　　198

经验不一定可靠：一枪未开的猎人　　　　　　　203

以偏概全：会让人"拉肚子"的健身教练　　　　209

专家的话也不完全靠谱：第二个专家　　　　　　214

第八章

逻辑学高手的点金智慧

高手都思维缜密:法网恢恢,疏而不漏	222
解开思维定式的枷锁:"上帝"视角	227
做有素质的逻辑高手:智慧的证明	232
顺路思维哲学:叫个外卖送我回家	237
双赢下的智者逻辑:爸爸和儿子的"合作"	242
"换汤不换药"的制胜战术:语言的魅力	248

第一章

走进逻辑学的大门

好莱坞著名导演伦纳德·尼莫伊曾说:"逻辑是智慧的开端,而不是终点。"

那么逻辑学到底是一门怎样的学科呢?乍听起来,逻辑学似乎有些"枯涩难懂",甚至"高大上"。其实,逻辑学离我们并不遥远,我们日常生活中的学习、工作、思考都离不开它。

学好逻辑学可以帮助人们正确地认识事物,清楚地表达思想和论点,正确有力的论证思想以及有效地反驳谬误,并且可以清晰地揭露诡辩,发现事物的本质和真相。让我们一起走进逻辑学的大门,去初识逻辑的奥秘。

逻辑初识：会推理的儿子

幽默故事

午饭后，母女俩一起洗碗，父亲和儿子在客厅看电视。

突然，厨房里传来了打破盘子的声音，然后一片沉寂。

儿子淡定地说："一定不是姐姐打破的。"

父亲不解："为什么？"

儿子笑了笑，说："因为妈妈没有骂人。"

趣味点评

母亲和女儿同时在洗碗，其间有人打碎了盘子，儿子虽在客厅，却做出"是母亲打破盘子"的精准判断。当父亲问及原因时，竟然是"母亲没有骂人"。这个答案在逗得我们哈哈大笑的同时，也向我们展示了逻辑学推理的魅力：通过缜密的逻辑思维，很快就能推理出来最精准的事实真相。

⚙ 逻辑学解读

逻辑到底是什么？

逻辑学是一门基础性科学，是我们思考问题时遵循的一种规律和规则。它不是枯燥的纸上谈兵，而是一门具有可行性、指导性的科学技术。逻辑学不仅可以教会我们如何智慧地思考，更有助于我们正确地认识问题和解决问题。

所谓逻辑思维，是指人们在认识事物的过程中，借助概念、判断、推理等思维形式，能动地反映客观现实的理性认识过程，所以逻辑思维又称为理论思维。

有这样一则经典的逻辑推理故事：

古希腊著名哲学家苏格拉底是一个逻辑高手，非常擅长逻辑分析。一天，他问他的学生："我家来了两个人一起修理煤炉，一个脸上沾满了煤灰，而另一个脸上干干净净。你们觉得谁会去洗澡呢？"

学生们不假思索地回答："当然是脸上有煤灰的那个人去洗澡了！"

苏格拉底听了哈哈大笑："不对。你们犯了一个典型的逻辑错误。满脸煤灰的人并不能看见自己的脸是否干净，却能看到对方的脸上干干净净，因此他会认为自己也很干净。而脸上干净的人看到对方脸上都是煤灰，会觉得干了活儿的自己也一定把脸弄脏了。因此，反而是脸部干净的那个人可能先去洗澡！"

通过这个故事，我们可以看出逻辑学的重要性。这个故事里的哲学家苏格拉底，正是应用了逻辑学的逆向思维和推理，让我们看到了对一件事情不同的诠释和解法，借助"语言"逻辑分析，帮助我们跳出常态思维的束缚，了解了逻辑的魅力。

正如故事中的儿子，他也正是通过"屋内一片沉寂"这个现象，推理出来碗是妈妈打碎的，因为如果是姐姐打碎了碗，妈妈一定不会沉默。这就是典型的逻辑思维在分辨事实真相上的应用。这也告诉我们，逻辑思维可以通过应用逻辑知识相应的推理，而摒除错误，判断一件事物的真实性。

让我们再来看一则故事：

有一位国王，他想处死一位忠臣，但是苦于没有罪名。于是他想了一个办法。国王对忠臣说："你常常说一切为国王考虑，现在我就成全你，看一看你能不能猜出我在想什么。如果猜对了，你就升官。如果猜错了，就说明你心中没有国王，就必须处死你。"

这个忠臣非常有智慧。他笑了笑，只是说了一句话，国王就不得不放过了忠臣。

那么忠臣到底说了什么呢？

在这里，我们先卖一个关子。且来讨论一下，如果把忠臣换作是你，你该怎么回答？你或许会说："这个国王的问题没法回答，忠臣是必死无疑的，因为根本就不可能答对问题。国王心里想什么，只有国王自己知道，这让忠臣如何猜测呢？再说明白一点儿，即使忠臣绞尽脑汁猜对了，如果国王不承认，坚持说他的答案是错误的，忠臣也没有办法。"也就是说，忠臣回答错误会被处死，忠臣回答正确，却无法证明自己的猜测是正确的，依旧会被处死。

事实上，上述分析只是我们的惯性思维得出的结论而已。然而，那位忠臣可是一位充满智慧的逻辑高手。逻辑学的魅力就是突破一切重围，让智慧开花结果。所以，对他来说，这道题并不是一个无解之题。当他用逻辑学的思维深入思考后，就会完全破局。

这个忠臣清楚地知道，自己必须有一个让国王没有办法反驳和说谎的答案，这才是自己可以活命的关键。进一步推理，就是国王必须承认这个回答的反面就是自己心中所想。所以忠臣巧妙地利用了这个关键逻辑，给出答案："国王心中想处死我。"

国王听了哑口无言。如果他承认忠臣所说是正确的，那么他必须放过忠臣，并且给他升官。如果他否定忠臣的答案，也就是承认自己并不希望处死忠臣，因此也必须放过忠臣。

这个故事耐人寻味，它向我们展示了逻辑学智慧的魅力，以及从本质解决问题的能力。忠臣正是应用了逻辑学中的两难推理等逻辑知识，从一个宏观整体的角度来找出问题的突破口，从而得到严谨的答案。

本来这个问题对普通人来说是很难解的，但是运用逻辑学思维，很快就有了突破。所以，逻辑学距离我们的日常生活并不遥远。

学习逻辑学、应用逻辑思维可以帮助我们将复杂的问题简单化，从而更加明了地呈现出来，让我们进一步发现事情的本质，从而解决各种困扰我们的问题。

日常应用

逻辑学不仅仅可以在生活中引导人们以更加严谨的方式进行思维方式的转化，还可以指导人们如何正确地应用逻辑思维。接下来，我们看一下逻辑学对生活的影响。

1. 逻辑学让生活科学化

逻辑知识与生活是相辅相成的。把逻辑学运用到生活实践中，可以有效地指导实践，通过对逻辑知识的合理应用，可以更清晰地辨别事物的真相，让生活更加符合科学规律。

2. 逻辑学让生活更加严谨

每个人每天都会思考问题，通过了解逻辑学和学习逻辑学，可以增加人的思考深度，并且通过逻辑推理，人们对事物的辨别能力也会提升。这都会使生活变得更加严谨。

3. 逻辑知识和逻辑思维引领生活正确化、优质化

当一个人缺乏逻辑性时，往往言语和头脑都是糊里糊涂的，遇到事情时，就会做出错误的选择，因此，熟知逻辑学里的基本知识，可以引领我们的生活正确化、优质化。

逻辑思维和事物本质：我们分手吧

😊 幽默故事

一对小情侣在自习室备考行测。

女生埋头做题，男生却在偷看一个黑丝美女。

女生发现后，问："是不是只要是个女的穿了黑丝，你就要这样盯着人家看？"

男生说："错，如果不是美女，穿了黑丝我也不看。"

女生："分手吧，我对你太失望了。"

男生："别啊，刚才我是开玩笑呢！"

女生说："不是这个，我失望的是你复习了这么久的行测，连'只要就'和'只有才'都分不清楚。"

🎙 趣味点评

故事中的女生是一个逻辑高手，当她看到男友偷看黑丝美女时，就已经用逻辑思维判断出了"偷看"这件事情的本质：这个男孩根本靠不住！

　　她巧妙地问男生，是否只要是个女的穿了黑丝他就会看？男生自以为是地答："如果不是美女，穿了黑丝我也不看。"女生因此果断地分手。在逻辑学中，"只要看了，就属于不可原谅的错误"，所以男生后来回答的"'只有才'的假设"已经没有意义。在我们会心一笑的同时，又赞叹女生的狡黠。她通过智慧地与男生问答，无形中再次看透男生分不清"逻辑概念"这件事实。通过这次交流，女生进一步推理出这件事情的本质：这名男生不但人品不行，能力也不行！

逻辑学解读

　　逻辑思维不同于感性思维，它建立在大脑的一种理性活动之上。因此，逻辑思维的本质是将对于事物认识的信息材料抽象成概念，进而运用概念进行判断，并遵循一定的逻辑关系进行推理，从而产生深刻的、对于事物本质和规律的认识。所以说，逻辑思维能够让你看清事物的本质。

　　也只有运用逻辑思维，人们才能做到对具体对象本质规律的把握，从而更准确真实地认识客观世界。正如故事中的女生与男生，通过逻辑问答，反映出了女生逻辑判断、推理出事物本质这一过程，可见逻辑思维是一种高级的理性思维。

　　有这样一则小故事：

　　在坐满人的动车上，一位中年妇女怀里抱着一个看起来不满周岁的宝宝。宝宝不停地哭闹，而这名妇女并没有去哄她，只是手忙脚乱地从包中掏出奶瓶，直接用凉水冲泡奶粉喂给孩子喝。

这一幕恰巧被女乘务员看到，她觉得非常不对劲，天下哪有母亲会给自己的孩子用凉水冲泡奶粉喝的？这行为太不符合逻辑了。

女乘务员果断找来车警，对这名妇女进行了仔细的盘问。结果发现，这名中年妇女竟然是一个人贩子，她怀里抱着的孩子也是刚刚偷来的。

通过这个故事，我们看到逻辑思维的重要性。一位有着敏锐的逻辑思维能力的人，是可以通过周围的环境、言语、事件，迅速地对事物整体做出判断，并通过逻辑分析，看清事情的本质和真相。如果这名女乘务员并不擅长逻辑分析，这名婴儿就不会得救。由此可见，逻辑思维能够让我们具有清晰辨别事实的能力，而且这种识别真相的能力，可以帮助我们解决生活中的很多问题。

我们再来看一则故事：

俄国有一位著名军事家罗佛斯基。他非常擅长运用逻辑思维来训练士兵应对战争时的随机反应能力和决策能力。罗佛斯基认为，这是一个士兵能够在战场上取胜，并活下来的必备素质。

他与士兵在一起时，经常突然发问："森林里有多少树木？"或者："地下有多少只蚂蚁？"又或者："你一天有多少个念头？"

最初，士兵们很是困惑，完全是丈二和尚摸不着头脑。他们只能硬着头皮回答："不知道。"

罗佛斯基每次听到这个答案都会暴怒。他非常讨厌这个答案。其实，罗佛斯基之所以提出这些"无法回答"的问题，就是要训练士兵"深入思考"问题的逻辑应变能力,而且这种突然的发问,同时也能够训练士兵在任何环境下,都可以快速反应。

他告诉士兵:"如果你们现在都因为禁不住我这样一问而变得惊慌失措,那么在战争时又怎么禁受住敌人的突然袭击呢?"

当罗佛斯基提出一个十分怪异的问题:"你说天上的月亮离地面有多远?"士兵能够回答:"相当于我们行军的路程!"并且士兵还学会了反问:"那么长官,您知道我的鞋走了多少步吗?"

这时候罗佛斯基就会哈哈大笑。因为他知道,他的士兵们终于不是一个个呆滞的士兵了。他们不再只是没有头脑的战争机器,不再只知道机械地服从命令、冒死冲锋,而是成为有头脑、有主动性、能深入逻辑思考、具备创新精神和敏锐反应能力的成熟士兵。

这样的训练,让士兵们不但能迅速、敏锐地回答他提出的各种突如其来的"麻烦问题",在战场上也变得淡定从容、思维敏捷,并且可以很快抓住事物的本质,对战场应对自如。

通过这个故事,我们看到罗佛斯基首先是看透了"战争中需要怎样训练士兵"的本质,所以他设计了"怪异提问袭击"这种巧妙的方式。而且随着他长期的突击提问,士兵们被训练出灵活运用逻辑思维的能力。可见逻辑思维是用于认知事物本质的有效的理性工具,通过精辟的逻辑思维能力的训练,士兵们可以迅速在战乱中看清战局的根本,从而具有优良的反应能力和决策应战能力。

正如《教父》所言:"花半秒钟就看透事物本质的人,和花一辈子都看不清事物本质的人,注定是截然不同的命运。"就像开头故事中的女生，她如果是一个感性恋爱脑，就会对男生看黑丝美女这件事情的认知，停留在表象层次，从而很容易被哄好。但她不是这种肤浅之人，她运用逻辑思维清晰地看透了事物的本质和真相，得出"男生无法托付终身"的结论，并果断地和男生分手。

这种以言语就可以培养人洞察力和反应力的思维训练，对所有人来说，都是极其珍贵的。我们应当重视逻辑学，经常训练我们的逻辑思维。只有如此践行，我们才能在复杂的环境中做出明智的选择，从而避免因为对事物本质缺乏认识而糊涂度日或者造成损失。

日常应用

既然逻辑思维可以看透事物的本质，那么我们日常生活中要怎么样提高逻辑思维能力呢？

1. 培养洞察能力

你需要积累一些必要的逻辑学知识与各学科的知识，这样会使你具有相当的阅历，足够的知识和阅历可以使你的洞察力提高，这样逻辑思维能力也会提高。

2. 遇到问题你需要集中注意力

专注是提高逻辑思维能力的一项必要能力。当一个人可以集中注意力，去反复深入思考问题时，他就不再是一个仅凭感官就直接给出简单答案的人。这样的专注思考可以帮助我们对事实进行正确的分析和判断，从而更容易获知本质和真相。

3. 将问题拆解成若干子问题，学会逻辑剖析问题

思考问题时要全面而周密，毫无遗漏，可以把具体的整体性问题拆解成几个子问题，有逻辑地逐层思考问题能帮助我们获得事物的本质，找到正确的答案。

概念构筑逻辑：我心算特别快

☺ 幽默故事

红红去面试精算师，面试官问道："基本要求你都符合，你除了这些之外，还有什么特长吗？"

红红回答："我心算特别快。"

面试官问："568乘126等于多少？"

红红不假思索就答道："6541。"

面试官震惊，用计算器验算后无奈地说道："这根本不对。"

红红不服气，反驳道："你就说我算得快不快吧。"

🎤 趣味点评

这则故事中，红红的面试回答让人哭笑不得。她狡猾地利用诡辩逻辑思维，给自己胡说了一项"心算特别快"的技能。面试官在听说红红的特长是"心算特别快"后，从这句话的概念里推理出逻辑意义，即"可以用心算很快地得到计算题目的答案"。但是红红一秒钟回答出的结果根本就是随口胡说的！她还振振有词地辩驳："你就说我算得快不快吧。"这个逻辑推理听起来头头是道，但是最终无法引导面试官理解与事实不符的结论。无论是刻意误导"心算特别快"这个概念的内涵，还是利用逻辑辩论中"快"这个字的重点意义，红红与面试官说的都是"错解概念"。

逻辑学解读

中国语言博大精深，每个人的逻辑思维水平也不尽相同，对事物的行为逻辑也有不同的理解。沟通就是不断地从一个逻辑中提取"概念"词义，并且深入理解的过程。再通过概念的交织，构筑成逻辑思维与逻辑推理。就像故事中的红红与面试官，如果在交流时，大家说的都是"错解概念"，就会造成沟通中的"鸡同鸭讲"，无法与正确的语义和逻辑接轨。

概念是逻辑学中最基本、最重要的元素。如果想要学习逻辑学，就要从学习概念开始。比如故事中的"心算特别快"，"心算"与"特别快"就是这句话中的两个概念。那么红红是怎么利用"错解概念"的呢？她就是利用拆解"概念"的方法做到的。她重点表述了"特别快"这个概念，而非注重整体语义"心算特别快"两个概念结合在一起的真实内涵。

概念包括内涵和外延两个层面。内涵是指某一概念的具体意义，也就是该概念的指代对象特有的属性。外延则描述了相关概念的指代对象涉及的范围。例如，"逻辑"这个概念的内涵指的是一种思维与认知的规律，其外延则包括逻辑学、逻辑谬误、趣味逻辑等。

先来看一则小故事：

苏东坡去一座寺庙游览。由于他穿着朴素，寺庙住持看到他后，只以为他是一般香客，就很怠慢地随口说道："坐！"苏东坡坐下后，老和尚依旧漫不经心地朝着小和尚挥了挥手，说了声："茶！"

等到苏东坡开始详尽谈论佛学的深奥知识与寺庙的历史经历，老和尚惊讶于他的学问造诣竟然如此之深，觉得眼前之人定不是普通人，于是请苏东坡进厢房详谈。进到厢房，老和尚改变了怠慢的态度，客气地说："请坐！"并赶紧招呼小和尚："敬茶！"

接着老和尚询问他姓甚名谁，当他得知眼前的人竟然就是鼎鼎大名的苏东坡学士时，惊讶地赶紧起身将苏东坡迎到内室，并恭敬地说道："请上坐！"接着高呼小和尚："敬香茶！"

老和尚非常喜爱苏东坡的字，他待苏东坡坐下后，请求他题副对联。苏东坡笑着提起笔，写下：

上联：坐，请坐，请上坐

下联：茶，敬茶，敬香茶

老和尚看到这副对联，顿时羞得抬不起头。

这个小故事寓意深刻，从逻辑学的角度，可以看出，不同的"概念"构筑了不同的逻辑以及不同的寓意。逻辑学中，概念内涵的多少和外延的大小成反向关系。当一个概念的内涵增多时，它的外延就会相应地缩小；相反，如果一个概念的内涵减少，那么它的外延就会相应地随之扩大。这个故事正是说明了这层逻辑关系与规律。

该故事显然是讽刺老和尚待人势利。这种讽刺正是通过对逻辑学中"概念"内涵的增加而显现出的。老和尚在不同的环境说出六个不同层次内涵的概念:"坐,请坐,请上坐""茶,敬茶,敬香茶",每一组概念都是由一个概念增加一种内涵的过渡过程。而概念内涵的增加,也导致它的外延相应地缩小。通过对内涵的不断增加,也表现出了老和尚内心的变化过程:藐视—客气—恭敬。这使得整个沟通中的逻辑变得丰富,显示了概念的内涵增加,表述的语义、感情和语境越来越具体、准确,外延越来越受限并减少的过程。

我们再来看一则故事:

从前有个人去以色列旅游,他是被当地著名的"哭墙"吸引而来的。但是他并不知道"哭墙"到底该怎么说,于是他就对出租车司机说:"我要去一个能令所有人去了都流眼泪的地方。"司机闻言露出"哦,我懂了"的表情,十分钟后,司机将这个人拉到了殡仪馆门前。

普通人听了这个故事可能会哄然大笑。但是逻辑学家却告诉所有人:"概念构筑了逻辑。"不同的概念反映了不同的属性,想要表达精准,逻辑沟通正确,就需要明确地说出准确的概念。同样,生活中任何沟通都需要不同的概念,一种"替换的说法与新概念"下必须有正确的解释,也就是说,如果你不能通过概念的内涵正确揭示它的寓意,那么人们的认知就可能会陷入错误和混乱。所以,也就导致了这位客人的悲剧,明明要去"哭墙",结果被拉到了殡仪馆。

由此可见,概念是逻辑学的基础,同时也是逻辑学最重要的组成部分。没有概念,就构筑不出系统的逻辑。而弄不清概念,或者像故事中的红红那样"错解概念",都将使逻辑中的知识点与意义无法正确表达,并且无法建立正确有效的沟通。所以,明确概念是逻辑学的一项基本功,只有精准地明确概念，才能掌握真正的逻辑方法，好将逻辑正确地应用到生活与工作的方方面面。

日常应用

既然概念构筑逻辑，那么生活中就离不开对概念的正确应用，应用概念，我们应该注意什么呢？

1.对提出的概念，要保证对其进行准确的概括

如果对事物特征的概括并不符合客观实际，并且表述概念不清晰，一定会导致逻辑错误。而错误的概念同样是对客观实际的歪曲与错误引导。如果对抽象思维初始阶段的理解违背事实，那么概念的外延和内涵也会出错，进而整个逻辑体系就会变得错误。例如，量子科学产生后，商家打出"量子手表"的概念，其实这就是一种错误模糊的概念。量子技术进入百姓家还需要很久，商家却傍上"量子"这个概念，给商品胡乱取名字。

2.对不同概念之间的异同点进行对比

通过对比不同概念之间的异同点，可以更加清晰地认识各个概念的本质特征，避免混淆和误解。例如，鲸鱼和鱼是两种不同的概念，鲸鱼属于哺乳动物，并不属于"鱼"。

3.对概念进行演绎与归纳，可以加深对概念的理解

通过演绎与归纳，可以增加对概念从一般语义到特殊内涵的深入理解。并且这两种方法可以加深对概念的理解和应用。例如，古代典故"白马非马"，乍一听这就是错误的逻辑，同时这个"概念"也属于逻辑谬

误中的"偷换概念",因为白马本就是马的一种,如果将"白马"与"马"视为两个不同概念,就属于逻辑谬误。但是对这句概念进行演绎其背后的历史故事后,就可以明白这个概念真正的意义。这个成语在现代汉语中形容某些表面相似但本质不同的事物。

逻辑学中的判断：尴尬的爷爷

😊 幽默故事

火车上，一位四岁的男孩，看到车窗外的一幢幢高楼惊呼："爷爷，好漂亮的高楼啊！"

爷爷说："这是高级住宅。"

孙子好奇地问道："爷爷，我们为什么不住在高楼里？"

爷爷说："等你长大了，要好好念书。只有好好念书，才能住上这种高级住宅。"

孙子沉思一会，说道："爷爷，你一定没有好好念书。"

全车的人哄堂大笑。

🎤 趣味点评

火车上的爷爷为了教育孙子好好学习，提出了一个必要条件的假言判断，即："只有好好念书，才能住上漂亮的高级住宅。"可爱的孙子有着更有趣的逻辑判断，他借着"爷爷如今并没有住在高级住宅里"，成功判断出"爷爷小时候一定没有好好念书"。这句话令爷爷和车上的乘客们哭笑不得。爷爷依照他的经验,讲了一个必要条件的假言判断,这是一种逻辑。然而孙子借着这种假言判断,又进行了再次判断,这样得出的结论是错误的。

逻辑学解读

什么是判断呢?在逻辑学中,判断是对事物情况有所断定的思维形式。它不同于概念(反映事物的本质属性)和命题(表达判断的语句),而是基于概念和命题,对事物进行直接的肯定或否定。判断是对事物属性的认识,是连接概念与推理的桥梁。

判断根据它的性质可分为肯定判断和否定判断。肯定判断是对事物属性的肯定,如:"这只鸟是绿色的。"而否定判断则是对事物属性的否定,如:"这块布不是红色的。"这些只涉及一个概念的判断就是简单判断。

除此之外,还有复合判断。故事中爷爷提出的判断:"只有好好念书,才能住上高级住宅。"就涉及多个概念,并且需要对这几个概念进行更加复杂分析的判断,这就属于复合判断。复合判断含有像故事中"只有""才"等这样的逻辑连接词,并且根据连接词的不同,复合判断还可以分为联言判断、选言判断和假言判断。

故事中的假言判断:"只有好好念书,才能住上高级住宅。"可以解读为,住上高级住宅的条件是好好念书,这里的"好好念书"是前件(p),而"住上高级住宅"是后件(q)。

在逻辑上,这可以表示为:只有 p,才有 q。这意味着,如果不满足前件(不好好念书),则不能实现后件(住上高级住宅)。这个假言判断就是建立了一个关系条件,但是并没有说明好好念书是住上高级住宅的唯一条件。也就是说,可能存在其他途径或条件可以住上高级住宅,但是这个特定的判断中,爷爷认为"好好念书"是被设定为一个必要条件。这里引起注意的是,爷爷的这种假言判断并不代表好好念书就一定会住上高级住宅,因为还可能存在家庭背景、经济实力这些原因,会影响这一结果,所以孙子在爷爷这种非充分条件的假言判断下,再次进行的判断,结论就是错误的,没想到却成了"打击"爷爷的武器。

我们再来看一则充分条件假言判断的小故事:

王员外有一座大房子,他在大门上贴了一幅字"万事不求人"。就是这句话,得罪了知府大人。知府大人认为:这就是没把我放在眼里。于是他令人将王员外抓到衙门。

知府大人说:"既然你说万事不求人,说明你比任何人都有本事。那我限你三天之内给我做两件事。第一件事,找一头公猪生的猪崽来;第二件事,织染一块能够遮天的黑布。假如你办不到,就判你欺官之罪。"

王员外遭遇意外之难,他苦思冥想了两天都没有思考出对策。王员外的女儿王琳极度聪慧,她跟父亲说:"您放心,这件事情我能为您解决。"

第三天,知府大人果真上门,一进门就喊道:"王员外在哪里?是不是躲起来了?"谁知王琳不慌不忙地迎上去说:"告大人,我父亲不在家,生孩子去了。"

知府大人一听怒道:"你骗谁呢!世上哪有大男人生孩子的,快叫他出来!"

王琳说:"大人既然让父亲找一头公猪下的猪崽,那么照这个道理,男人生孩子也是正常的。如果男人不能生孩子,那公猪怎么能下崽?"

知府一听哑口无言,只好说:"第一件事算了,那遮天的黑布找到了吗?"

王琳说:"敢问大人,天有多长?多宽?"知府大人说:"我怎么可能知道,又没有人测量过。"

王琳一笑:"既然大人都不知道天有多长多宽,那叫我的父亲怎么织染这块遮天的黑布呢?"

知府脸一红,羞愧地跑掉了。

这个故事中,王琳就是运用了充分条件的假言判断,来智慧地替父亲解了围,对付了狂妄自大的知府。如果知府无法反驳王琳的话,就说明她说的是"真实"的。

那么怎么判断她和父亲的所说所做为"真"呢?当充分条件的假言判断的前件是真的,后件是假的情况下,可以判断出这个假言判断是假的。同理得出,除了这种情况,其余情况都为真。所以,当王琳说"如果公猪能生猪崽"(假)时,那么那句"男人也能生孩子"(假),这句话就一定是"真"的。这导致知府无法反驳。在"不知道天有多长和多宽"(真)的情况下,那么"遮天的黑布也就无法知道要有多长多宽,就没法织染"也就是真的,在这种充分条件的假言判断下,知府只能承认王员外没有"欺官",落荒而逃。

第一章　走进逻辑学的大门

我们再来看一则联言判断真假性的故事：

愚人节那天，欧洲一个国家有一个习俗，即国家中有一半的人讲真话，一半的人讲假话，并且通过彼此之间的逻辑判断，来共同取乐。

这一天，一位来自非洲的逻辑学家 A 先生正好来到这个国家。他着急去政府参加会议，在一个路口停了下来。他只知道其中的一条路通往机场，另一条路则通往政府，于是去问路。

他见到一位小姑娘便问："小姑娘，你知道哪条路通往政府吗？"

小姑娘回答："今天是愚人节，我不能告诉你。但是你可以去问后面的两个男孩子，他们一个讲真话，另一个说假话。你要自己用智慧来判断。"

刚说完，小姑娘要走，A 先生就叫住她问："天空是蓝色的吗？"小姑娘回答："是的。"

随后两个男孩走了过来，A 先生问："左边的路通向政府，而且乌鸦不会飞，对吗？"

一个男孩回答："是的。"另一个男孩回答："不是。"

A 先生笑了笑，他从这三个人的回答中判断出左边不是通往政府的路，右边的路才是正确的。

联言判断就是断定几种对象事物情况同时存在的复合判断，它的逻辑方程式是：p 并且 q。那么作为判断，就存在真假，故事中 A 先生正是通过对联言判断的真假之辨，得出右边的路是正确的答案。

首先当天是愚人节，所以 A 先生要确定一下小姑娘说的是真话还是假话。他通过问"天空是蓝色的吗"（真），得到小姑娘回答"是的"

（真），判断出小姑娘是说真话者，那么得出后面两个男孩"一个说真话，另一个说假话"这句话为真。

所以当他问两个男孩子："左边的路通向政府，而且乌鸦不会飞，对吗？"一个回答"是的"，表明这个男孩是撒谎的。因为"乌鸦不会飞"是假，而他说是，代表他是撒谎的，同理作为联言判断，他对"左边的路通向政府"这个回答"是的"也是假的，即是撒谎的。而说真话的男孩，他对前假（左边的路通向政府）为假，后假（乌鸦不会飞）为假，得出整个判断为假，所以他回答"不是"，因此 A 先生得出判断为右边的路是正确的。

日常应用

提高逻辑判断，对日常生活中解决问题非常重要。而不同的类型判断有不同的实际应用。

1. 直言判断

直言判断是直接判断事物的情况，如"今天晚上下雨"。在日常生活中，我们需要对各种信息做出直接的直观判断，例如根据天气预报决定出行方式。

2. 假言判断

假言判断是断定事物之间条件关系的判断，如"如果下雨，我就带伞"。日常决策中，假言判断可以帮助我们提前预见一些可能发生的情况，做好应对策略。

3. 选言判断

选言判断是断定事物几种可能情况至少存在一种的判断，如"他要么答对了，要么答错了"。在面临多种选择时，选言判断能帮助我们分析各种可能性，找出最合适的选项。

4. 联言判断

联言判断，属于复合判断的一种，是断定几种事物和情况同时存在的判断，它能够帮助我们更好更全面地理解和描述事物，以及更好地准确决策和推理，例如，天气预报预测，明天白天，北京地区将有小雨，气温在10℃到18℃之间。这句话就是一个联言判断，因为它同时断定了两个情况：一是有小雨，二是气温范围。

主观想法和客观认知：喜欢下雨的人

☺ 幽默故事

红红说："雨下得越大，我越高兴。"

亮仔羡慕地说："你一定是个乐天派，因为下雨我就会心情不好。"

红红说："不，我是卖雨伞的。"

🎤 趣味点评

逻辑是理性的，但是故事中亮仔的逻辑显然缺乏理性，明显是受到了主观想法的影响，因此他闹了一个笑话。红红的想法是"雨下得越大，我越高兴"，通过这句话，亮仔根据自己"下雨会心情不好"这种主观的认知，推理出红红一定是"乐天派"，结果真相让人意外，红红居然是"卖伞的"。

⚙ 逻辑学解读

要说逻辑学最怕什么，最怕的就是在一意孤行的主观认知下，对真相的扭曲和歪解。主观认知主要是依据自己的个人喜好、善恶和意愿来判断事物，并非客观事实下事物本来的发展规律或者真相。所以，在逻辑分析判断时，如果让主观想法先进入我们的大脑，就很难得到客观真实的结论。这就是故事中亮仔为何推理出红红是个"乐天派"这个错误的结论的原因。他并没有站在客观的角度对红红的想法进行分析，只是依据自己的经验和喜好来判断对方的想法，这明显是会闹出笑话的。

客观现实跟主观个人感觉是有着明显区别的。客观现实存在于其他人之间时，也会得到其他人的认可和确认。例如，"西瓜是多汁水的""屋外有三只鸡""橙子是黄色的"，这些都是客观现实，会得到其他人一致的认可和确认。而个人主观想法和个人感觉却不尽相同，往往通过感性的讨论与交谈来确认。例如，"那个男人我不喜欢""这家水果店的葡萄不好吃""邻居家的任何东西都看着舒服"。客观认知陈述非感性词语表达，而主观个人想法由个人喜好与非理性想法构成。

逻辑推理是在客观现实基础上发展并进行的，人们根据客观现实运用逻辑推理判断出事物的真和假。但是一旦这里面掺杂个人的主观想法，逻辑将不成立，就像故事中的亮仔一样，容易闹出笑话。

我们来看一则故事：

山上有两户人家，有一户人家丢了几只鸡。他觉得一定是另一户人家偷走的。于是他每天都暗中监视这户人家的一举一动。

丢鸡的人每天都气愤难平，他越看另一户人家越觉得像偷鸡贼，而且那户人家长得就"贼眉鼠眼"，他家吃什么好像都"偷偷摸摸"，就连夜晚都觉得从那户人家里传来鸡叫声。丢鸡的人甚至感觉，这户人家和自己相遇时都低着头一副"心虚"的样子。

后来丢鸡的人上山砍柴。他听砍柴的人们说，这一带来了狼，经常偷吃庄户人家的鸡。这时，他才恍然大悟。回家后，他再看另一户人家，也觉得"慈眉善目"，并不像小偷！

这则小故事生动地说明了主观想法是怎样影响一个人对客观事实的认知。"偷鸡贼"就像这户丢鸡人心中的"幻化形"，他先是凭借自己的主观想法胡乱判断隔壁人家"偷了他家的鸡"，在没有客观事实的依据下，又做出了一系列错误的判断。这种逻辑就是错误的逻辑，是不成立的。

所以，我们在日常生活和工作中，一定要客观理性地思考，避免主观想法对客观现实和客观认知产生影响。在与他人交往中，不可偏执地以自己的喜好和"凭空感觉判断"来看待他人和事，以免因为错误逻辑曲解真相，蒙蔽双眼。

我们再来看一则故事：

一位穿着拖鞋和旧衬衫的男士，走进了一家品牌篮球鞋店。店长上下打量了他一圈，露出轻蔑的神色。

"请问店里有42码适合我穿的篮球鞋吗？"男子礼貌地问道。

"有是有，但我们这里是品牌店，一双鞋的价格都在1000元以上，我估计你买不起，还是请你去别处看看吧！"店长不客气地说道。

男子一愣，他平静地说："我是国家职业篮球手，你去把你店里最贵的鞋给我拿一双，十双我都买得起。"

这个小故事同样引人深思，故事中的店长"眼睛长在眉毛顶上"，习惯了先入为主和带有偏见地看人、对待人。他看到这名男士穿拖鞋和旧衬衫，就主观判断"这个人很穷"，这显然是受到主观意识影响的非正确判断，是一种错误的逻辑。而且这种错误逻辑也影响了她对这位客人真实身份与"财富值""购买力"之间客观真相的认知。

生活中，我们经常面临主观想法和客观认知之间的冲突。上面的两个故事都表明，主观想法容易受到个人经验、情感、喜好等主观因素影响。而客观认知才是逻辑思维的基础，客观认知基于事实、数据、证据等客观因素判断。所以学习逻辑，重点就是要避免主观想法对客观认知产生歪曲的影响。

日常应用

为了避免主观想法扭曲或影响我们对客观事实的认知和理解，我们常常采取以下措施。

1. 保持包容和开放的心性

当我们意识到主观想法可能存在偏差，造成逻辑错误时，就应该保持包容和开放的心性，接受不同的观点和意见。这都有助于我们更加全面地了解问题，减少主观想法对客观事实认知的干扰。

2. 学会倾听他人的意见

当我们学会倾听他人的意见时，将有助于更加全面地了解问题与客观事实，并且从不同的角度探析更好的观点和建议。多与他人交流和倾听他人意见，可以减少我们主观想法对客观认知的干扰。例如，开会时品牌经理并不熟悉产品，主观印象就是"不太喜欢"，但是随着下属对产品的具体分析，他逐渐建立了正确的客观逻辑判断，给出了客观的认知：这个产品"有市场价值"。

3. 收集和分析事实

做决策和判断，最忌讳的就是主观想法影响客观判断。所以我们可以最大限度地去收集客观数据、证据和客观信息。这将有助于我们更加客观地了解问题，同时学会如何客观地使用正确的逻辑，来对这些信息进行评估和分析，以便做出更好的决策。

第二章
探析逻辑学的基本规律

在逻辑学中,存在一系列的基本规律,包括同一律、排中律、矛盾律和充足理由律。它们为推理和论证提供了坚实的基础,确保了思维的清晰性、一致性和准确性。逻辑学的基本规律是任何逻辑思考和论证都必须遵循的基本原则,又称为思维的基本规律,学习它们可以帮助大家以最快的速度理清逻辑思路,有助于我们更加理性地沟通与交流。同理,如果人们不遵守逻辑学的基本规律,思维就会出现紊乱和错误。

同一律：保留的头发

😊 幽默故事

参军要求士兵把头发剪短，不许留长发。

新兵阿郎坐到军营理发室的剪发椅上，看着自己心爱的长发，很是难过。

理发师笑着问："小伙子，你想保留自己的长发吗？"

阿郎惊喜万分，连忙问："我可以吗？"

"当然可以。"理发师慈爱地一笑。接着他拿起剪刀，咔嚓几下，利索地将阿郎的长发剪掉，贴心地装在一个塑料袋里，说："请保留好，做个纪念！"

🎤 趣味点评

阿郎不愿意剪掉他的长发，当理发师说可以"保留"他的长发时，他惊喜万分。但是等待他的是大大的"惊讶"，因为随即"保留"到他手中的是"已被剪掉的长发"。故事中理发师口中的"保留"即"剪掉头发，留作纪念"，与阿郎心中的"保留"即"不剪掉长发，保留长发"，完全是两个概念。他们两个的沟通完全是违反逻辑定律"同一律"的，对阿郎来说，这是一场空欢喜。

逻辑学解读

何为同一律？有句俗语很形象地描述："一就是一，二就是二。丁是丁，卯是卯。"这句俗语就体现了同一律的特点。同一律是逻辑学的四大基本规律之一，它是指在同一思维过程中，必须在同一意义上使用概念和判断，不能在不同的意义上使用概念和判断。同时，必须保持论题自身的同一，即对论题本身进行的任何逻辑讨论，不能够偏题、跑题、离题，只能讨论事物本身。一旦在说话表达以及论述中出现同一概念前后不一致的逻辑错误，就是违反了同一律。我们将违反同一律而出现的逻辑错误称为"混淆概念"和"偷换概念"。

例如：茶叶就是茶叶。这个例子说明茶叶这个概念是确定的，茶叶不会是咖啡。

再如：阿郎就是阿郎。阿郎是一个确定的对象，不能是理发师。

而故事中阿郎想要"保留长发"，这个概念的内涵就是"不剪短头发"，而理发师正是幽默、巧妙地运用混淆概念这一违反同一律逻辑规律的行为，将"保留长发"混淆成"剪下长发，留作纪念"，这是利用歧义来替阿郎解忧。前后思维不一致，导致同一律中的同一概念并没有保持内涵和外延的一致性，所以故事的精核正是"违反同一律"这一逻辑错误。

我们来看一则小故事：

列车匆忙进站，有一位灵巧的小姑娘从一群人中抢先冲上了火车。她冲进火车后，东瞧瞧、西望望，发现居然没有一个空位子。无奈之下，她只好厚着脸皮硬往门口坐着的老大娘身边挤。大娘被挤得很不高兴，瞪眼说道："小姑娘，别硬坐了，你看不到这里没有座位了吗？"

小姑娘笑嘻嘻地说："大娘，没办法啊，我买的就是'硬座'啊。"

这是一个典型的偷换概念、违反同一律的故事。故事中的小姑娘正是将"硬座"这个概念，故意偷换成"硬坐"。为了解决临时急用座位的目的，小姑娘利用这种错误逻辑，想在火车上找到一个"硬座"，表现了她的聪明和幽默。

在现实生活中，这种利用歧义的表述、违反同一律的说法，虽说从营造喜剧效果上是巧妙的，但是它毕竟是在故意误导他人，侵犯他人的利益。所以说，偷换概念这种故意违反同一律的事情应当引起人们的警示。

我们再来看一则小故事：

古代有位大臣，他有一条特别喜欢的裤子，但是这条裤子破了一个大洞，于是他找到妻子，对她说："你照这个给我做一条新裤子。"

妻子很贤惠，没几天，她就将新做好的裤子拿给大臣看。

大臣一打开，整个人震惊了。这条新裤子和之前自己最喜欢的裤子一模一样！最绝的是，妻子居然用剪刀在同一个位置剪了一个大洞。

故事中的妻子可以说闹出了一个特别有意思的笑话，那为什么她会犯这种错误呢？原因就是大臣在与她沟通的时候，表达的概念并不够明确。大臣让妻子"照原样子做一条新裤子",这句话不仅可以理解为照着原来裤子的尺寸、样式、大小做一条裤子,还可以理解为"照着原来坏了的裤子的模样,做一条一模一样的裤子"。大臣与妻子的沟通明显没有遵循逻辑的同一律。这则故事既体现了人们在沟通时要注意逻辑严密、遵从同一律的重要性,又表明了一旦思考和表达违背了同一律的相关要求,表达将含混不清,犯混淆概念这类错误,其他人也将感受到模棱两可的语义,可能弄出笑话。

通过上面两个例子,可见同一律在日常生活中的重要性。一旦能够充分地掌握同一律的知识,将会使我们与人的沟通、处理事情更加清晰明朗。

同一律的掌握和应用,会让我们更加规范地、有主题性地解决问题。并且,了解违反同一律的错误逻辑,熟悉偷换概念与混淆概念,将有利于增强我们思辨的敏捷性和清晰性,从而更好地看待问题。

日常应用

同一律在我们的日常生活中无处不在,影响着我们的交流、思考和决策。

1. 同一律在日常生活中的应用

日常交流中,我们常常用到"定义"这个概念。定义的过程其实就是应用同一律的过程。因此,当我们给任何事物下一个"定义"时,必须保证在定义的过程中,该事物概念的内涵和外延,以及属性的始终一致。例如,我们在解一道物理题时,必须保证在同一思维过程中,对题目的理解和解题逻辑遵守同一律，否则就会导致解题错误。

2. 同一律的重要性：避免逻辑误导

一旦我们沟通不遵守同一律，就容易造成逻辑混乱，导致"鸡同鸭讲"，沟通失败，也会导致逻辑误导。例如，有些商家会特意使用混淆概念等错误的描述误导消费者，这就是没有遵守同一律。如果消费者对同一律没有清晰的认识和了解，很可能被这些黑心商家误导。

3. 提高逻辑的严密度，增强对同一律的意识

提高人们自身逻辑的严密度，就要求增强运用同一律的意识。这将有助于增强我们的逻辑思维能力和批判性思考能力。这需要我们在日常生活中，时刻保持对同一律的敏锐度，学会用同一律去严密审查我们的沟通与思考。同时，通过不断对自身逻辑能力的提高，更好地运用同一律。

排中律：生死未卜

☺ 幽默故事

大北方剧团写了一个剧本，呈给文化局的领导看。结果两个局长意见不同。

王局长："结局是女主死了。"

李局长："最后女主必须活着。"

这让剧团团长很头疼。

编剧无奈地说："这样吧，我写两个结局，王局来审查，就让女主死掉。李局来审查，就让女主活着。"

谁知，排演的那天，两位局长都来了！团长急得抓耳挠腮，编剧忙对团长耳语。

戏演到快结束，台上突然降下帷幕，播报："女主得了急症，正在动手术，结局生死未卜。"

🎙 趣味点评

在这则故事中，编剧急中生智，才想出来一个两全其美的办法，就是让女主角得了急症，结局是正在手术中，这样既没有生，也没有死，而是生死未卜。这样就同时"符合"了两位局长的不同要求。但是从逻辑学来看，把这场排演当作同一思维过程的话，那么这个结局就犯了违背"排中律"的错误，按照排中律的要求，剧本的结局要么是女主死了，要么是女主活着，必须在两者之间二选一。但是面临"二局空降"的难题，编剧和团长只好以一个"模棱两可"的结局糊弄他们了。

⚙ 逻辑学解读

排中律也是逻辑学的基本规律之一。它指在同一个思维过程中，两种思想不能同假，其中必有一真，即"要么 A 要么非 A"，是形式逻辑的基本规律之一。它要求人们的思想认识必须保持明确性，在同一表述中，一个概念或者反映事物的某种本质，或者不反映事物的这种本质，必须满足二者之一；一个判断或者反映事物的某种情况，或者不反映事物的这种情况，也必须满足二者之一。

也就是说，排中律要求任何讨论的问题，或者表达的观点必须有一个明确的意见，要么赞同，要么反对，不可以含糊其词，模棱两可。

那么我们再来详细解读一下故事，按照编剧写剧本的基本规律，确定不可能违背排中律，用白话来讲，对于任何事物，在一定条件下的判断只能有一个状态，要么"是"，要么"非"，不会存在中间状态。也就是说，结局女主要么是死了，要么是活下去了。而难就难在编剧遇到了两个"捣乱"的审核局长,他们两个可谓剧团的"家长",但是两人意见不同,编剧只好机灵地写出两个结局,让女主分别活着或死了,暗自想着哪个局长来,就演哪个结局。这时候编剧也没有违反"排中律"。

但是未承想两位局长同时来了,他只好违背了排中律,既不承认"女主死了",也不承认"女主活着",在这两个矛盾之间,智取了一个"正在手术中,生死未卜"的结局。这就是一种典型逻辑错误,取了一种中间状态,做了逻辑学中的所谓"骑墙派"。

我们来看一则故事:

一天,李四偷走了隔壁村张三的牛。张三报警了,警察很快查到李四家多了一头牛。他们来到李四家,让他把牛交出来。但是李四死都不承认,只说牛是他自己家养的。

张三灵机一动,用手捂住牛的双眼,问:"如果这头牛真是你的,你能说出它哪只眼睛是瞎的吗?"

"左眼。"李四只好硬着头皮回答。

张三把手从左眼移开,牛的左眼是正常的。

"等等,我说错了,是右眼!"李四连忙说道。

张三接着把手从牛的右眼挪开,牛的右眼也是正常的。

李四气愤不已,他忙说:"我说错了,牛没有眼瞎。"他不断地为自己辩护。

"停下来吧!小偷。这已经足够证明这头牛不是你家养的。"于是张三和警察将牛牵回去了。

这个故事里的张三和警察,就是利用逻辑学的排中律,推理并且证明李四一定是小偷。其间，张三对李四的问话非常巧妙，里面暗藏了一个玄机，即假设这头牛的眼睛是瞎的（假），因此在张三的问话中，他无论回答牛的哪只眼睛是瞎的，都等于承认了这个假设是真的。这正是依据排中律给李四设的一个局。

排中律要求，同一思维的思辨中，两种思辨不能同假，必有一真。而无论李四如何回答，都是错误的答案，都为假。因为这个假设就是利用排中律，想让李四上套的"诡计"。事实是牛的眼睛根本不瞎，这才是真的，所以无论李四回答牛的哪只眼睛是瞎的，他都暴露出不了解这头牛的事实，从他回答的"假"里，也验证了"他的一切回答不符合排中律逻辑规律"，也就是牛不是他的，是他偷的。

再来看一则著名的故事：

清朝著名的大臣刘墉在晚年的时候惹怒了皇帝。皇帝想处死刘墉，他对刘墉说，明天通过抓阄，来决定你的生死。

皇帝夜里写了两张纸条，每张纸条上都写了一个"死"字。刘墉是何等聪明之人，他一夜未眠，早已猜到此次皇帝心中所想。于是抓阄时，他就随便拿起一个阄，快速地塞到嘴巴里，吞了这个纸条。

皇帝一看，愣住了。他很是无奈。这种情况下，其他大臣并不知道刘墉抓的阄写的是什么字，只能通过打开剩下的那个纸条来推理。当大臣们打开剩下的那个阄，上面赫然写着"死"，于是大臣们推断刘墉抓到的是"生"字，刘墉因此被饶恕一命。

这个故事中的刘墉，是熟悉和应用逻辑规律"排中律"的高手。排中律的定义是，任何事物在一定条件下的判断只能有一个状态，要么

"是",要么"非",不会存在中间状态。

这个小故事和本文中的开篇故事有异曲同工之处,故事中编剧也是熟知排中律,但是他特意利用"违背排中律",弄了一个模棱两可的结局,巧妙地化解了眼前的难题。而刘墉的智慧,是他提前算到了皇帝一定是写了两个"死"字,希望他无论怎么抓阄都会死。他聪明地利用排中律,随便拿一个纸条吃掉,这样根据排中律推断出另一个纸条一定是"生"字,没有中间状态。这让皇帝"哑巴吃黄连,有苦说不出",只好放过了他。这就是逻辑学中著名的反证法。

由此可见,排中律的应用价值非常大,它可以帮助我们识别生活中那些"撒谎者"与"骑墙者"。骑墙者指的就是对思辨中的观点左右摇摆、模糊不清之人。通过排中律,我们可以提高沟通效率,审查出对话中暗藏的玄机。

日常应用

排中律指的是两个相互矛盾的命题之间,必有一个是真的,另一个是假的,不可能同时是假的。这个原则在生活中无处不在。

1. 排中律在决策中的应用

排中律在决策中经常被用到。面对一个决策问题,我们通常需要考虑各种可能的结果和影响,然后通过对比分析,选择有可能带来积极结果的方案。例如,在决策中,有的决策者经常摇摆不定,在两个选择间存在左右模糊的想法,但是一旦他熟知排中律,将雷厉风行,不再摇摆不定,会很快明确一个立场,明确自己的目标和方向。通过排中律,可以提高决策的正确率和决策质量。

2. 排中律在人际关系中的应用

在人际关系中，排中律起到至关重要的作用。当我们与他人进行沟通与协作时，需要明确表达自己的思想、论点和信息，也要明确自己所处的位置、角色和责任，这样说话时才不会模棱两可。排中律绝对不允许我们同时接受或者拒绝同一个事物或者概念，因此我们在人际交往中要明确立场，才能更好地和他人建立合作和长久的联系。

3. 排中律在消费观念中的应用

在消费观念中，商家利用逻辑学的排中律，创造了"女神节""618""双十一"等活动。商家就是利用排中律，让消费者在大促销下要么直接下单、要么不买之间做出选择，因为活动有时间限制，消费者为了"占一些便宜"，得到优惠，失去了平时购物的"犹豫时间"。所以消费者需要理性，要明确自己的购物预算，不要中了"促销排中律"的局。

矛盾律：拿破仑小时候的头骨

😊 幽默故事

在法国的一处集市上，一个小贩手举着篮子，嘴里大喊着："快来看，快来看，这里有拿破仑的头骨。"

走过来的一位男士皱着眉头说："奇怪，听说拿破仑的脑袋非常大，这个头骨怎么这么小，甚至比普通人的还小？"

小贩解释道："没错，这是拿破仑小时候的头骨。"

🎤 趣味点评

这个故事中的小贩，拿了一副无名氏的头骨来糊弄路人。没想到这颗头颅很小，与拿破仑的"大脑袋"特征并不符合。当路过的男子提出这个疑问时，小贩自作聪明地回答，这颗头颅是拿破仑"小时候的头骨"。乍一听还真有点儿那么回事，但是仔细一琢磨，拿破仑死的时候已经成年，那他的头盖骨怎么可能是小时候的呢？这个小贩"聪明反被聪明误"，他说话的逻辑违反了逻辑学的矛盾律，这证明他是说谎的。

逻辑学解读

矛盾律是传统逻辑学的基本规律之一，是指人们在同一思维过程中，对两个相反或矛盾事物的判断，不能同时承认它们都是真的，其中至少有一个是假的。如果违反了矛盾律的要求，就会出现思维上的前后不一，自相矛盾。它通常被表述为"A 必不非 A（A 一定不是非 A）"，或"A 不能既是 B 又不是 B"。要求在同一思维过程中，对同一对象不能同时做出两个矛盾的判断，即不能既肯定它，又否定它。

正如故事中的小贩，他说贩卖的头骨是拿破仑的头骨，却接着说是他小时候的头骨。这在同一思维过程中，前后表述就自相矛盾，拿破仑死后的成年头骨，与小时候的头骨并不能等同，所以他犯了典型的违背矛盾律的逻辑错误。

说到这里，你明白什么是矛盾律了吗？我们再来举个例子，一个男孩子给女朋友写信："我爱你，我什么事情都愿意为你做，我甚至愿意为你付出生命。明天周末，如果不下雨，我一定来找你。"

这个例子中的"什么事情都愿意为你做"与"不下雨就来找你"相互矛盾。"什么事情都愿意为你做，甚至愿意为你付出生命"指的就是愿意为你"赴汤蹈火，在所不辞"，为了女孩子，多大困难都愿意克服，这是一个全称命题。但是接着说"不下雨才来找你"，这表明，一个"下雨"就把男孩对女孩实际付出的爱"拦截"了，这是一个特称否定命题，明显与之前那句话是相互矛盾的。

再例如：有个不擅长唱歌的歌唱家，在一个晴朗的阴天里，唱了一首草原歌曲。这也是一个典型的逻辑悖论。很明显，"不擅长唱歌"与"歌唱家"是相互矛盾的,"晴朗"与"阴天"也是相互矛盾的,这些相互矛盾的话语构成了错误的逻辑,违背了矛盾律。

我们再来看一则小故事:

王诺一家的门铃坏了,他打电话通知王师傅,请他明天来家里修。王师傅满口答应,说明天一定登门。

第二天,王诺一在家苦等了一天,王师傅也没有来。于是第三天,他就打电话给王师傅:"咱们不是约定好了,昨天您来修门铃吗?您怎么没有来?"

王师傅说:"我去了,我不仅仅去了一次,还去了好几次,每次去都按门铃,你都没有出来给我开门,所以我只好回去了。"

这个小故事非常有意思,王师傅是被王诺一叫去修"坏门铃"的,但是他说自己昨天去了很多次,每次都按门铃。"好门铃"与"坏门铃"是两个具有矛盾关系的概念,在同一思维中,王师傅明明知道要去修门铃,却说自己按了门铃没有人应答。那么他是将此门铃当作"好门铃"使用,与他知道自己是去修"坏门铃"自相矛盾,显示了他思维的矛盾性,所以判断出王师傅其实并没有去,只是撒谎而已。

我们再来看一则故事:

一个寒冷的冬天,矿工家里没有任何取暖措施。五岁的儿子冻得小脸通红,他问妈妈:"为什么不生火呢?"

妈妈说:"因为没有煤。"

儿子问:"为什么没有煤?"

妈妈说:"因为你爸爸没有工作了,我们没有钱去买煤。"

儿子又问："爸爸为什么失业了呢？"

妈妈说："因为煤太多了。"

这个故事是一个典型的没有违反矛盾律的故事。虽然读起来"因为没有煤"与后来的"因为煤太多"自相矛盾，但是通过仔细分析，这里面的逻辑是行得通的，并非自相矛盾。妈妈讲的"没有煤"，是指家里太穷了，没有钱而买不起煤，所以没有煤。而后来所讲的"煤太多了"，指的是煤矿开采出来的煤炭太多，导致堆压的煤太多，不需要继续开采，所以作为矿工的父亲自然就失业了。

妈妈的话是从两个不同方面阐释了"煤太多"与"没有煤"之间的关系和深层含义。这样表述并不能认定为违反矛盾律。反而恰恰说明了，矛盾律只有在同一思维下与同一时间或者同一关系下，对于同一对象产生相互矛盾或者反对的思想，这种矛盾才成立。像这则故事中"没有煤"与"煤太多"指的就是不同的概念内涵和外延，所以谈不上两个思想和逻辑相互排斥。

又例如，当小红是小女孩时，可以做出"小红是女孩"的判断，可当小红成年后，就可以说"小红是女人"。这两个判断不属于同一个时空条件，因此这种情况不属于相互矛盾与排斥的思想。这与本文开篇故事中的"拿破仑的头骨"与"拿破仑小时候的头骨"这种情况不能相提并论，这是在同一时空下的"错误、虚假定义"，并且不符合真相和客观实际，所以开篇的两种判断是矛盾的。

所以说，确定一个思维下的话语是否违反了矛盾律，需要熟知矛盾律的定义，并且根据语境和时空条件，以及概念对逻辑话语进行思辨。

日常应用

在日常生活中，矛盾律应用甚广，它能够帮助我们解决事情、做出决策以及沟通交流、处理人际关系等，甚至帮助我们看透事情的真相。

1. 矛盾律在决策方面的应用

矛盾律在决策过程中起到至关重要的指导作用。在面临各种选择时，我们通常会遇到各种自相矛盾的信息和观点，这时候矛盾律就会派上用场，它可以帮助我们消化矛盾，厘清思路。例如，在面试过程中，有几家公司同时通过面试，这时候可能有的公司待遇优厚，但是发展空间有限；有的公司工作和待遇都一般，但是具有挑战性、发展空间大。这都属于矛盾的事情。熟知矛盾律，则可以帮助我们根据自身的长远规划，做出最好的选择。

2. 矛盾律在沟通方面的应用

矛盾律可以提升我们的逻辑思维能力，提高与人沟通的效果与质量。在沟通中，如果我们不熟悉矛盾律，说出的话自相矛盾，给人的印象就会大打折扣，会给人留下"脑子不清楚"这类印象。这就需要我们熟知矛盾律，不仅可以对自己的观点和信息进行有效加工，也可以敏锐地分辨出对方的语言是否违反矛盾律。例如，在家庭教育里，家长与孩子非常容易产生矛盾，这缘于不同年龄之间观念的不同，这时候如果运用矛盾律，接纳和理解孩子的观点，可以改善亲子关系，建立有效沟通。

充足理由律：矮个孩子与短腿母牛

幽默故事

丹丹："不知道为什么，我儿子长得很矮小。"

花花："你家养的那头母牛腿特别短，你一定是给你儿子喝太多牛奶了。"

趣味点评

花花可谓是个"胡扯联系"的沟通者，丹丹的儿子腿短，她居然认为是"喝了太多短腿母牛的牛奶"造成的。她的思维逻辑即"母牛腿短，那么它的牛奶人喝了也容易造成腿短"。这显然是错误的，这属于逻辑学中的理由虚假，违反逻辑学充足理由律的要求。孩子腿短，可能是遗传因素，也可能是疾病原因，它与短腿母牛没有任何必然联系，因此构成了幽默。

逻辑学解读

充足理由律是指在同一论证过程中，一个思想被确定为真总是有充足理由的，用公式表示为："p 真，因为 q 真，并且由 q 能推出 p。"换句话来讲，就是指任何一种思想，如果被认为是真实存在的，一定要具备充足的理由。假如一个判断为"真"的话，必须为这个判断找一个理由来解释它为何是这个样子，而非其他样子。

例如，从"如果倪萍是北京人，则她是中国人"这句话，可以推出"如果某人不是中国人，则他不是北京人"的结论，但是不能推出"如果某人是中国人，则他是北京人"的结论。

这个例子就表明了充足理由律的论证思维，而违背充足理由律的逻辑错误有毫无理由、理由虚假和推不出来（论证错误）等几种形式。

故事中花花的逻辑错误就属于违反了充足理由律，属于理由虚假。原因是"喝了短腿母牛的奶，就会导致孩子腿短"，这属于一种主观臆造，非客观真实的存在。所以一切以事实不存在或者虚假理由为依据而进行的论证，就代表了理由虚假，是一种典型的错误逻辑。

那么，违反充足理由律的毫无理由错误，指的是什么呢？这种错误是指论述者不讲任何道理和理由，不根据任何依据就下结论。例如，研究生李某突然跳起来指着教授的论文就大骂"抄袭"，但是他并不能给出"具体抄袭自哪里"以及其他任何真实证据。这种直接毫无理由、没有依据的人身攻击，就违反了充足理由律。

我们再来看一则关于"论证错误"的逻辑小故事：

有一位富贵人家的少爷，生来有些智障，因此他也没读过书。一天晚上，他熟睡后梦到丫鬟与他戏耍玩闹。早上醒来，他激动地跑去找到丫鬟："你昨天晚上梦到我了吗？"

丫鬟回答："没有。"

少爷气愤不已，大骂道："我昨夜在梦中分明与你戏耍玩闹一夜，你怎么翻脸不认人、不承认呢？"

他跑去找父亲为他说理："这个丫头是个不诚实的骗子，我昨晚上梦到她了，她却说根本没梦到我，您说哪里有这样的道理？"

这个故事让人忍不住捧腹大笑。这是一个典型的逻辑错误，属于违反充足理由律的"论证错误"，论证错误主要指给出的理由是真实的，但是凭借这个理由，并不能推出此结论，并且理由与结论之间没有必然联系，也就是说，从这个理由，推不出这个结论。现实中的客观真相是，梦并不是互通的，但智障少爷却从他梦到丫鬟，并且与丫鬟玩耍一夜，推断出丫鬟一定也梦到了他，因为"他们彼此梦中相见了"，这就是一种错误的不符合客观事实的论断，少爷"梦到丫鬟"与"丫鬟一定梦到少爷"之间没有必然联系，因此论证不出故事中的结论。

再来看一则故事：

数学家达森是一位较真的"精准"主义者。有一天，他边思考问题，边在郊区散步。突然迎面走过来一名男子，他礼貌地问道："先生，我得打扰您一下，请问从这里走到城区教堂需要多久？"

"你往前走我看看！"达森严肃地说。

这名男子感觉到莫名其妙，他以为达森没听清他说的话，就赶紧小跑了两步，追上了达森，再次诚恳地问道："先生，我问的是从这里走到城区教堂需要多长时间？"

"你赶紧往前走走我看看！"达森仍旧说道。

问路男子有些愤怒，他觉得达森有些"神经质"。于是放弃问他，自顾自地往前走去。

结果不一会儿，数学家达森突然高兴地大叫："小伙子，我计算出来了，你去教堂得一个半小时！"

问路男子听后恍然大悟，也顿感哭笑不得，原来这位先生是在看他的步行速度，才能计算出结果回答他啊！

这则小故事形象地刻画了数学家达森的较真和他逻辑思维的缜密与"精微性"。他不愧是一位数学家，对任何问题中逻辑思辨的精准度的把控，都要求有"足够正确以及充足的理由"。

一般来说，我们生活中遇到打听路途所需的时间，都会给出一个大概"估摸"出来的答案，但是这位数学家偏偏不这样，他要告诉对方的答案，必须是充足理由推理出来的结论。如果没有充足的理由，他不会说出任何答案。所以他让这名问路男子往前走走，以此来测算步行速度，根据这种精密计算，得出真实的"理由"推论出时间。很显然，数学家是严格遵守充足理由律的高手。

当然，在现实生活中，这名数学家思考问题与处理问题的方式有些过于呆板和严谨。但是这则故事也正面说明了逻辑学充足理由律的一条最基本要求，就是理由必须真实。

在我们需要论证一个事实的时候，如果想要得到一个正确的判断，所依据的理由必须是真实的。一旦在思维与表述中出现不"真实"的理由，就会造成"误导判断"。

例如，工作中，某些浑水摸鱼的同事，很喜欢拍领导马屁。他们深知领导喜欢听到什么，因此经常编造一些虚假的数据和信息。这些都容易引起在工作策略中出现重大失误。

日常应用

充足理由律在我们日常的决策和行为中起到至关重要的作用。它要求我们在做任何事情前都需要深思熟虑，找到背后的充足理由，从而避免盲目和草率地决策。下面让我们看一下具体的应用：

1. 在日常生活中的应用

在工作中，我们经常会遇到各种需要精准答案的问题。例如，在产品的项目管理中，我们可以利用充足理由律，来对产品的所有项目进行全面的诊断和分析，找出所有问题背后的充足理由，并且根据产品的紧急性、重要性等因素进行论断，这样就可以推断出产品的优先等级，可以更加科学、合理地安排工作，提高工作效率。

2. 在学习中的应用

在学习中，充足理由律可以帮助我们更好地理解和掌握知识。例如，在学习一门新学科的过程中，如果熟知充足理由律，就能以科学的学习态度，更严谨地学习掌握这门学科，并且更有动力去积极主动学习，增加对知识理解的深度。

3. 在人际关系中的应用

在人际关系中，如果懂得灵活应用充足理由律，更容易建立良好的人际关系和沟通。例如，当与朋友产生冲突时，如果出现沟通不畅以及误解，我们熟悉充足理由律，就可以针对性地解决问题，让人际关系得到缓和。

第三章

逻辑学中的谬误

　　逻辑学中的谬误，是指在推理过程中出现的错误或不合逻辑的结论。这些错误可能是由于前提的不真实性、推理的不合理性或结论的不正确性所导致。那么常见的谬误类型都有什么？生活中又有哪些话语和论断属于不易察觉的"逻辑谬误"呢？让我们走进本章节，随着一个个案例和小故事，去揭开逻辑谬误的神秘面纱。

人身谬误：不守时的人说什么都没用

😊 幽默故事

小明提出了一个合理的基础设施建设方面的提议。

小红："我不相信你说的建议能好到哪里去。"

小明很不解，这个提议是他熬夜做出来的，很有说服力。他问："为什么？"

小红："因为你不守时，你经常上班迟到，不懂准时上班的重要性，所以你这样的人能有什么好提议？"

🎙 趣味点评

故事中的小明可谓遭受了"人身攻击"，他明明熬夜赶出来一份有价值的基础设施建设方面的提议，但是受到小红的直接否定。提到原因，竟然是因为"小明不守时"，这让人忍俊不禁的同时，感慨小明真是"遇到硬茬了"。他就是因为平时上班有过迟到记录，就被认为是"没有资格发表任何提议的人"，这明显是犯了逻辑学中的人身谬误。

逻辑学解读

诉诸人身谬误是一种常见的也非常容易犯的逻辑谬误。"诉诸人身"在拉丁文中的意思是"针对某人",指借由与当前论题无关之个人特质,如人格、动机、态度、地位、阶级、处境等,作为驳斥对方或支持己方论证的理据,是一种不相干的谬误。简单来说,诉诸人身谬误就是指"对人不对事",或者"因人废言""因人设事"。

就像故事中的小红,她对小明的基础设施建设方面的提议,并没有经过客观了解而给出相应的判断,却只是"对人不对事"地批判小明"不守时",因此不具备提议的资格。这通过对小明品德以及能力的攻击,将问题的焦点转移到小明本人身上,并且武断地凭借"小明不守时"这个品德观点,直接否定了小明的基础设施建设提议。这就是典型的"人身攻击谬误",即"诉诸人身谬误"。

例如,在微博上面看到某明星晒自己的生活,并且写出关于健康的建议,一些网民就不喜欢,并且非常愤怒,就说:"亏你们还是大明星呢,都说明星喜欢流连夜店,喜欢喝酒,你们提供的健康建议全都没有用,纯属误导大众。"这种说法就是典型的诉诸人身。在逻辑说理中,一件事情是就是是,非就是非。如果认为某明星说的观点不成立,直接指出对方的逻辑漏洞或者逻辑前提不成立的虚假部分即可。但是这些网民并非从逻辑道理上来反驳对方,也就是并不从真理的角度对事情的事实进行争辩,而是不顾"养生建议"这些问题的真理性,直接攻击人身和人性,甚至对明星进行"道德绑架"。这就属于"诉诸人身"。

我们来看一则小故事:

一位喜爱书法的女士希望书法家为她推荐几本练习字体的字帖。书法家非常热心，认真地给这位女士找了几本字帖。

回家后，女士翻开字帖，居然发现有一本字帖的作者是宋朝的秦桧，她立马气愤地叫道："这秦桧是历史上有名的大奸臣，这种卑鄙小人的字怎么可能会写得好？能有什么好临摹学习的。"说罢她便将这本字帖丢到垃圾桶里。

其实不然，事实是秦桧虽然是一位奸臣，但是他的书法非常有造诣和独到之处。这位喜爱书法的女士辜负了书法家的良苦用心，也错过了一个优秀的书法作品。

这则小故事讲述的就是典型的"对人不对事"，即诉诸人身。故事中的书法爱好者完全没有关注秦桧的书法是否有可取之处，只是将注意力和逻辑辩论，都感性地转移到对秦桧人品的攻击上。这种逻辑辩论完全偏离了理性的引导，所以她才做出气愤地丢掉书法字帖的行为。由此可见，日常生活中我们提倡判断事情应该理性地"对事不对人"，应该仔细分析对方的观点，用客观的道理来分辨是非对错，而不是简单粗暴地进行"人身攻击"，否则容易"扰乱事实"以及"胡搅蛮缠"。

诉诸人身谬误总共分为三种，即"直接性诉诸人身谬误""处境性诉诸人身谬误"与"诉诸伪善谬误"。我们来看一则案例，详细了解一下这几种人身谬误：

李牡丹："如今男女真的是太不平等了，同样的工种却是不同的薪水，明明女员工和男员工干一样的活，但是女员工的工资明显比男员工低。"

王凯歌："你作为女性，自然向着女性说话，才这么认为吧。"

李牡丹："这不是我说的，这可是著名的李教授说的。"

王凯歌："李教授？你不知道他因为被举报而蹲过监狱吗？这种劣迹斑斑的人说的话你都信，真是傻透了。"

李牡丹："你这是赤裸裸的人身攻击，李教授即使蹲过监狱，也不代表他说的话不正确。就算他的道德上有过问题，也不代表他的观点都是错误的啊。"

王凯歌："那你在男女是否平等的问题上，以李教授为权威也是犯了逻辑谬误，因为李教授是数学教授啊。"

这段对话中包含了三种典型的人身谬误。首先，李牡丹提出一个论点，即"男女不平等"，她接着为这个论点提供了充足的理由，即"男女干同样的工种和工作量，但是男员工的工资比女员工的高"。但是王凯歌并不认同她这种说法，还直接指出她是错误的。他认为，王牡丹本身就是女性，自然只站在女性立场上说话，以这个立场来说话，即"男女不平等"，一定是错误的。

王凯歌的这种论证方式，就是诉诸人身谬误里的处境性诉诸人身谬误。这种谬误指的就是，某人身处某个团体之中，就很容易受到这个团体内利益关系以及共同利益的影响，既然如此，这个人的想法就可能存在不客观、不理性和不正确性。

根据这个概念，我们可以得出，王凯歌并不能因为李牡丹是女性，属于女性团体，就认为李牡丹说出的结论是不正确的。我们可以认为，李牡丹作为女性，说出的观点，也有正确性。

而王凯歌接下来的话,就是典型的人身攻击谬误,也叫作"直接性诉诸人身谬误"。他直接用李教授蹲过监狱,来抨击这种人的观点没有任何价值。他这就是告诉人们:"这个人道德败坏,说什么都没有用。"这与故事中小红认为小明"不守时",所以说啥都没有用的论证同属于一个逻辑谬误。从这里可以看出,正确的逻辑是,即使李教授是杀人犯,也不能说明他的思想和观点是错误的。

最后,王凯歌更是发现,李牡丹也犯了很典型的逻辑错误。她拿一个数学教授的观点,来当作男女是否平等这类社会问题的权威观点。因此,王凯歌认为,既然你李牡丹都犯了逻辑谬误,那就根本没资格指出我犯了逻辑谬误,咱俩都半斤八两。这种逻辑论断就是"诉诸伪善谬误"。这种谬误主要指"你也一样",即你也做了这类事情,你也怎么怎么样,那你就不能说怎么怎么样。大白话就是你做错了类似的事情,那你也不能说我做的事情是错的。

日常应用

为了避免日常生活中出现认识谬误,我们可以采取以下的几个步骤:

1. 清晰识别论证的内容

在参与讨论某些事情时,要把注意力集中在所讨论事情的观点上,一定要清晰地识别论证的内容,对具体的观点、事实以及行为进行客观分析与辩论,不要感性地转移到对人的攻击上面。

2. 尊重对方的人格和身份

无论对方的观点说得是否正确，你是否认可，都应该尊重他人的观点和他人的尊严，尤其要重视他人的人格。不要使用侮辱性、攻击性、贬低性的言语攻击对方，这样的语言会伤害到别人，而且会引起人际关系的恶化。

3. 寻求论证的证据和事实支持

在表达观点时，要依据客观事实来论证，不要凭借感性的个人感受和偏见来作出论证。同样，当他人提出谬误观点时，也要理性地用客观事实来论证，要求他们提供相关事实，不要陷入相互的人身攻击中。

因果关系谬误：下雨天的奇葩论

😊 幽默故事

小可爱说："我每天都带伞出门，所以每天都下雨。"

小红石听后翻了一个白眼，说道："那我也要天天带伞，这样就能让天气变凉快了。"

🎤 趣味点评

故事中的小可爱就是我们常说的"神逻辑者"，她为人相当"自信"与"幽默"，居然认为是因为她"每天带伞"，所以老天不得不"每天下雨"。小红石明显知道这是一种错误的因果关系谬误，每天带伞与每天下雨之间并没有因果关系，所以他无情地嘲讽她，开玩笑地说他天天带伞，天气都凉快啦。

⚙️ 逻辑学解读

因果关系谬误是一种逻辑谬误，指错误地将某个事件或行为视为另一个事件或行为的原因。这种谬误通常出现在论证、推理或决策过程中，可能导致错误的结论或决策。

因果关系谬误有很多种，其中有一种叫作"后此谬误"，意思就是指，用一件事情先发生，来证明这件事就是后面发生的事情的原因，这种谬误混淆了真正的因果概念。

故事中的小可爱犯的就是"后此谬误"。她认为，每天带伞这件事情先发生，必然会引起"每天下雨"这件事情的发生，也就是"每天带伞"是"每天会下雨"的原因。事实上，这种因果根本不会成立，是明显错误的。

又例如，哈林走路时踩到了狗屎，所以他一定会股票赔钱。这都属于"后此谬误"，从理论上讲，踩到狗屎这件事情可能会导致坏运气，但是这也是属于迷信的范畴，并不具备论证成功的解释力，更别提会直接导致股票赔钱。

"狗屎运"是一种毫无科学依据的说法，在逻辑上更客观合理的论证，应该是踩到狗屎这件事情，并不一定会导致股票赔钱。也许哈林踩到狗屎，股票会赔钱只是他个人的"心理暗示解释"，毕竟"踩狗屎"会引起人们心情糟糕，但不能臆想出"股票必然会赔钱"这样的结论。这就属于典型的因果关系谬误里的"后此谬误"。

另一种因果谬误叫作"假因谬误"，指在没有足够证据的情况下所做的归因。具体就是说，错误地将一个事件或现象归因于另一个事件或现象，而实际上它们之间并不存在因果关系。举例说明：

A城最近发生了一系列盗窃案，警察调查后发现，每次盗窃案发生时，都有一只白猫出现在案发现场附近。于是，警方开始怀疑这只白猫是盗窃案的罪魁祸首，甚至开始捕杀这种白猫。

这个警察着实可笑。要知道，白猫的出现和盗窃案的发生并没有任何必然因果关系，这一切也许只是巧合。但是警察错误地将白猫视为盗窃案的原因，这就是典型的假因谬误。警方基于错误的假设（白猫是引起盗窃案的原因），而去捕杀白猫，这是错误的因果逻辑，引发错误论证的"错误行为"。人们在遇到审案这类严谨的逻辑问题时，需要更加理性地去分析证据，慎重地对待假设和因果查验，否则容易冤枉好人，或者遗漏罪人。

再举一个例子：

娜娜去面试，在众多面试者中，娜娜脱颖而出，被成功录用。

小美说："那是因为她穿了高级职业套裙。"

小果："哦，原来是这样，面试时只要穿上职业套裙，就会获得工作。"

这个案例也属于"假因谬误"，因为穿高级职业套裙，与面试被录用确实在一定情况下可能构成因果关系。也就是说，面试官可能会因为穿着打扮职业化与得体录用某人，但并不总是如此。有的岗位和职业并不需要看员工的穿着，因此穿着高级职业套裙，并不是会被录用的必要原因。可见穿着高级职业套裙与面试通过没有必然因果关系，就推断不出"面试时只要穿上职业套裙，就会获得工作"，这种论证并不完全符合逻辑，论证不足，犯了"假因谬误"的错误。

第三种因果谬误是相关性谬误，也被称为"混淆相关性和因果关系"

的谬误。

这种谬误是错误地将两个事件或现象之间的相关性当作它们之间的因果关系。具体来讲，相关性的定义指的是，两个或多个事件、现象在统计上存在一定的关联或共变关系，但这并不意味着一个事件导致了另一个事件的发生。因果关系则要求一个事件（因）直接导致另一个事件（果）的发生，并且这种关系不是由其他因素造成的。

例如，有一项研究表明，在同一时期内，下雨天海边雨伞销售量和溺水事故发生率有同频上升趋势，这给人一种错误的信号：雨伞销售量的增加可能会引起溺水事故的增加。但是，仔细思辨后就知道，这是一种错误的判断，雨伞销售量的增加与溺水数量只是两个有相关性的数据，而非因果关系。事实上，两者都受到下雨这一天气的影响，毕竟下雨会引起海边沙滩涨水，容易导致溺水事故的发生。

再例如，"美云每次在宴会上弹钢琴都要穿着她的白色晚礼服，因此只要她一穿上白色晚礼服，肯定会发生什么事情，让她想要去弹钢琴"。这是另一个类型的相关性谬误。这是指发生在一个人身上的习惯性关联，但是得到的论据，并不是这种"习惯相关性"关联必然产生的因果。也就是说，从理论上来讲，美云她可以没有任何原因地穿上了白色晚礼服，同时她也可以没有任何原因地去弹奏钢琴。

为了避免相关性谬误，我们需要仔细审查逻辑中的证据，以确定是否存在真正的因果关系，其中的逻辑容易"唬人"，需要通过观察来验证。

日常应用

因果关系谬误容易造成生活中的一些失误，那么，我们到底该怎么样避免因果关系谬误呢？

1. 检查证据

在论证出结论时，要耐心和细心地观察论据，并且看一看假设是否有充足的证据支持，没有证据支持的假设可能就是错误的。

2. 避免过度简化

一个复杂的事情和结论往往不是由单一原因造成的，而是受到很多复杂的原因相互促成的。因此过度简化这些因素可能会导致错误的因果关系判断。需要具体问题具体分析，仔细地分析事情背后的规律和根本原因。

3. 考虑相关性而非因果关系

即使两个事件同时发生，也并不意味着其中一个事件导致了另一个事件的发生。这时候，需要我们谨慎地多考虑一些其他因素，可能存在其他未被考虑的因素在起作用。多动脑、认真深入地思考，是检查因果的关键。

滑坡谬误：可怕的人生假设

😊 幽默故事

小明闯了红灯，交警小李气喘吁吁地跑过来说："你完蛋了，非常糟糕，你闯了红灯。"

小明："我真不是故意的，也不是大事，您别那么严肃。"

小李很气愤地说："怎么不是大事，今天你闯了红灯，明天你就可能去抢劫，后天就可能去杀人了！"

🎙 趣味点评

这则故事里的小李非常严肃，他"夸大"了闯红灯的"违法性"，指出小明今天闯了红灯，如果不在意，可能明天就去抢劫，后天就会杀人。这是逻辑中典型的滑坡谬误。听起来是不是觉得有点儿"小题大做"了？但是现实生活中确实不应该闯红灯，毕竟违反交通规则，对他人和自己的生命也是一种不负责任的表现。虽然不至于像小李那样危言耸听，但也是有很大的危害性。

逻辑学解读

滑坡谬误是一种逻辑谬误，它涉及不合理地使用连串的因果关系，将可能性转化为必然性，从而得出不合理的结论。它的典型形式为"如果发生A，接着就会发生B，接着就会发生C，以此类推，直到发生Z"。然而，人们通常会明示或暗示地推论为"Z不应该发生，因此我们不应该允许A发生"。这里的重点是，每个步骤中的因果关系可能并不强烈，有些可能是未知或缺乏证据的，因此即使A发生，也无法保证会一路下滑到Z。

正如故事中的小明只是闯了红灯，这与抢劫和杀人之间并没有任何强烈的因果关系，因此由闯红灯并不能推论出抢劫，甚至杀人。所以小李的话明显是一种错误的逻辑，即滑坡谬误。

我们来看一则更搞笑荒诞的例子：

安安眼看这学期要过去了，马上要进行期末考试，但是他还没有开始复习。他很紧张，想："如果我不努力学习，成绩就会落后其他同学；成绩落后其他同学，就会被家长骂；我被家长骂，学习就会没有信心；学习没有信心，就容易没法继续学习；不继续学习，就没有办法毕业；没法毕业，就会找不到工作；找不到工作，就会娶不到老婆；娶不到老婆，情绪就会不好；情绪不好，就容易抽烟；抽烟就会污染空气；空气污染中国就岌岌可危；中国岌岌可危，美国和日本就容易乘虚而入；美国和日本一旦乘虚而入，就容易引发世界大战；世界大战一旦爆发，就会死人；人死了，地球就没有人了；没有人，人类就灭亡了。"

安安被自己所想惊出一身冷汗，他赶紧拿起笔去刷题了，他必须好好复习，否则后果太惨重。

安安神奇的脑回路让人禁不住捧腹大笑。

这就是一个非常典型的滑坡谬误。故事中的每一个推断，其实并不一定会引起下一个"可怕"的后果，而安安却神经兮兮地把一个个可能发生的"负面想法"串联了起来，组成了一系列不合理的因果关系，推断出一个如此荒诞的结论："如果我不好好复习，人类将会灭亡！"这个结论真的让人发笑。

还有一种是"盲目乐观"型滑坡谬误，我们来看一下：

农村小伙阿辉找到一份卖房子的工作，他非常兴奋。他打电话给家乡的老母亲："妈妈，只要我努力工作，我就可以加薪。等我工作几年，我就能当上房地产总经理，等我当上总经理，我就能飞黄腾达。等我飞黄腾达了，我就能当上CEO，等我再接着努力，我就能娶到大老板的女儿，这样我的人生就彻底翻身了，妈妈，想一想这些我都有些激动！"

阿辉妈妈翻了一个白眼儿说："你先过了试用期，给家里打1000元钱再说。"

这个小故事里的小伙子阿辉简直是得了"幻想症"，他将一切事件的实现都想得那么容易，毫无障碍，并且将所有事情的发生都想象成必然发生的，这就是滑坡谬误的乐观表现。

滑坡谬误最大的问题，就在于每个事件的发生，不一定会产生后面表述的结果，并且它们之间的因果联系并不强烈，只是这种原因可能导致这种结果的发生。像阿辉即使熬过了试用期，真的加薪升职，他也不一定能够当上总经理；即使当上总经理，娶到大老板女儿的事情也不一定成真。所以，在一些事情之间的因果关系未必成必然的条件下，还要一直往下"滑坡"一样推论出后面所有的事情，这显然是一种错误。

滑坡谬误在现在的广告中也常被用来"误导"消费者，应该引起人们的注意：

一个肥胖的女生照着镜子流眼泪，接着姐姐给她送来一罐"减肥黑咖啡"，女生喝了后成功地变成苗条美丽的模样，整个人青春洋溢。接下来她自信满满，学习也专注了，很快考上了重点大学，然后她踩着高跟鞋，有了体面的工作，穿梭在高级写字楼里。广告最后的画面是她洋溢着幸福的笑容，披着婚纱，嫁给了一位高富帅，最终以圆满幸福的婚礼结束。

互联网上充斥着大量类似情节的广告。比如，某拳击减肥电影就带火了减肥黑咖啡和拳击健身。看过这则广告的人都会感觉只要"喝黑咖啡""打拳击"，就可以脱胎换骨，改变人生，赚取十几个亿。之所以现实生活中的人们会受到影响，就是因为这则广告采用了"滑坡谬误因果"创意。因为商家利用人们潜意识叠加的技巧，将这款黑咖啡和一个人美好的一生关联起来，这就是一种滑坡谬误。滑坡谬误尤其容易影响未成年人。

现实生活中，滑坡谬误证明，很多事情都是我们想象出来的，因此我们可以对一些事情和推理多一些质疑。例如，可以思考"A 真的存在吗？""A 存在一定会导致 Z 结果吗？""Z 结果与 A 之间是不是必然的因果联系？"等等。

经常多问几个这样的问题，就不容易受到滑坡谬误的误导。

日常应用

当生活中的思想意识出现偏差时，我们应该如何预防滑坡谬误呢？主要注意以下几个方面：

1. 充分了解情况

在判断一件事情以及做出推论前，要确保对这件事情所包含的一切因素和情况做一个全面的了解，包括对事实、数据、背景信息和真相分析等情况的了解。这样推论出来的任何因果论证，才具有真实性和必然性。

2. 避免过度推断

不要对一件事情进行过度推断，对事情的结果推断太多，其间有太多的不确定性，虽然说某些动机可能会产生一系列后果，但是并不意味着这个后果一定会发生，或者达到"匪夷所思"的夸张地步。

3. 注意因果关系的合理性

在推断因果关系时，要确保它们的正确性、合理性，这个过程中，需要推理人持有充分的证据来支撑自己的论点，凡是凭借主观感性的个人臆想而胡乱推断或者持有一定的偏见，都容易推导出错误的滑坡谬误。

稻草人谬误：你果然不爱我了

😊 幽默故事

贝贝："你下午怎么不接我电话，也不回我信息？"

涛涛："一直在开会嘛。"

贝贝："开会，开会，工作比我重要吗？你果然不爱我了！"

🎤 趣味点评

涛涛和贝贝的对话虽然简单，但是里面蕴含深层次的逻辑却不"简单"，这就是被称为"歪曲他人意思天花板"的"圈套逻辑"。涛涛只是简单地回答了贝贝的问题，告诉她没有接电话与回信息的原因是自己一直在开会。他没想到换来的是贝贝的"绝对歪曲式"结论，即："涛涛果然不爱她了！"这是逻辑学里一种典型的谬误——稻草人谬误，其常用来故意歪曲他人的意思，有意对对方实施"打击"。

⚙ 逻辑学解读

为什么叫作稻草人谬误呢？

农民为了吓走来吃庄稼的鸟儿、田鼠等生物，在田间设置了稻草扎成的假人。在逻辑学中，"树立稻草人"指有意地模仿或者刻意歪曲他人的论点，以达到攻击模仿出来的论点而非实际论点的目的。有意模仿时会歪曲、错误引用、曲解或将对方立场过度简单化，这样做就是为了更容易攻击对方，并可能诱使对方偏离最初论点，为更加荒唐的论点辩护。

解析来讲，就是假如对手的观点是 A，那么为了达到批判的目的，抨击方会将对手观点推向某个"错误"假设或者极端，或者贴上一种"容易被打击类"的标签，说成是 B，然后对 B 观点大加批判。

就像故事中的涛涛，他明显只是单纯地回答贝贝的问题，但是贝贝故意给他架起来一个更容易被批评的观点"稻草人"，即："他果然不爱她了！"然后对这个结论表示了批判的态度。因为"开会而造成的没接电话与没回信息"与"果然不爱贝贝"根本没有任何必然联系，贝贝根据涛涛的回答而歪曲他的意思，就是典型的稻草人谬误。

下面我们来看一则小故事：

生活在长白山的麋鹿塔塔，是一个好客的小动物，它喜欢交朋友，害怕孤独。

有一天，一只梅花鹿闯进了塔塔的领地，悠闲地吃着青草。

塔塔连忙跑过去向它打招呼："你好，可爱的梅花鹿。"

梅花鹿相当傲慢，看了一眼塔塔，说："你好。"转身就要离开。

塔塔很着急，连忙拦住梅花鹿说："你身上的梅花真漂亮，今天看起来真好看，我想和你交朋友。"

梅花鹿高傲地扬起下巴，挑衅地说："你的意思是说我今天好看，那么昨天就不好看了，对吗？"

塔塔愣在了原地，不知道怎么回答。

这是一则童话故事，本来是用来教育小朋友不要像梅花鹿一样傲慢的。但是用逻辑学来看这则故事，则可以看出这是一则关于"稻草人谬误"的逻辑错误的故事。故事中的塔塔称赞梅花鹿"今天很好看"，梅花鹿却故意歪曲这个观点的意思，说成"那么我昨天不好看了"，这就是在有意地"攻击"对方善意的观点。

由这个故事，我们可以看出，稻草人谬误都是有意地"曲解"和"攻击"对方的观点，并非无意识的。这是一个重要的关键点。

以上故事都属于"曲解论点"的稻草人谬误，还有一种是新增论点的"稻草人谬误"，让我们来看一下：

儿子："妈妈，明天表哥过生日，他爸爸带他去迪士尼乐园玩。我也很想去。"

妈妈："去什么迪士尼乐园，你表哥家就是喜欢炫富。咱们家没有钱，你要有点儿尊严，别动不动就羡慕别人。"

这段话就是一个关于新增论点的"稻草人"架构。表哥过生日，全家去迪士尼玩是一种炫富表现——这个观点就是妈妈给儿子新增加的"稻草人论点"，因为儿子并没有和妈妈讨论"炫富"这个话题。然后妈妈又通过这个没法验证的观点，进而抨击、批评儿子"没有尊严"，对儿子做了"驴唇不对马嘴"的评价。

再就是关于"扩大解释"的稻草人谬误：

李明爱上了他的顶头女上司，这位女强人比他大了近三十岁。他瞒着家里和女上司登记结婚了。

过年时，他领老婆回家见父母。

李明："爸，妈，这就是你们的儿媳妇，我已经和她结婚了。"

妈妈气到不行："你怎么能不和我们商量，你对得起我和你爸把你养育这么大吗？"

爸爸："儿子，不是我们不认这个媳妇，她比你大三十岁，比我们俩的年龄都大了。这要是领出去，我们怎么有脸见人？"

李明："爸，妈，我俩已经结婚了，而且过得很幸福，有什么没脸见人的？"

妈妈："跟我俩一个年龄，这还有脸见人？邻居朋友暗地里的猜想就能把我和你爸给埋汰死。你不要脸，我和你爸还要这张老脸。"

爸爸："我算看明白了，你俩就是不孝，你们就是想把我和你妈活活气死！"

这个案例里的逻辑谬误就是关于"扩大解释"的稻草人谬误。这个社会男人娶一个年龄大自己三十岁的老婆虽然并不常见，但是在法律和情感上也是无可指摘的。案例中，先是李明的妈妈"扩大解释"指出李明"不要脸"，接着李明的爸爸又对儿子和儿媳妇指出"不孝，想活活气死爸妈"。这两个罪名都是强加给李明的"道德稻草人"。这样的逻辑，会让李明没法回言。面对这种"针锋相对"的稻草人谬误，李明只有选择忍耐，谁让他们是父母呢？

这几个例子都表明，稻草人谬误是特意反驳、歪曲、夸大对方的观点，并且不站在对方的立场对其观点进行曲解，使得被攻击的不是对方的真实立场，而是被转移，或者被批评、拒绝的立场。

在逻辑思辨中，应该"对事不对人"，要紧紧围绕事实论点进行论证。如果有人故意抨击我们，或者故意削弱我们的观点，歪曲事实，以稻草人谬误来误导伤害我们，就需要我们牢牢地保持住自己真实的观点，站在真实的角度和立场去看待问题，拒绝"恶意打击"，要用客观事实来说话。

日常应用

在日常生活中，学会如何避免稻草人谬误是非常重要的，可以有助于我们更准确地理解他人的观点，避免冲突和误解。

1. 理解和尊重他人的观点

如果我们懂得理解和尊重他人，就不会去轻易"伤害""抨击"他人的观点，并且不会曲解对方的观点和立场。要学会尊重和理解他人的立场、背景，学会理解一切的发生。例如，爸妈岁数大了，说出很多"不靠谱"的过时观点，但是为了孝顺老人家，理解尊重他们，我们并不去"反驳"和"抨击"。同样，对待任何人都应该如此尊重。

2. 使用清晰、准确的语言

当我们表达自己的观点的时候，一定要避免含混不清，要使用清晰、准确的语言。这样就可以避免模棱两可的表达，以免被别人钻了空子，利用这个"模棱两可"的观点来歪曲我们的观点。这也是对自我的一种保护。例如,谈判时,谈判双方都应该清晰地表明自己的诉求和观点,准确的语言有利于制定正确的谈判规则,避免对方利用语言漏洞故意曲解意思,获得利益。

3. 倾听他人的反馈,耐心捕捉对方观点的合理性

当我们向他人表达自己的观点时,应该认真倾听他人的反馈和意见。如果对方对我们的观点有误解和曲解,应该及时澄清和纠正。例如,法官在倾听双方律师的陈词时,一定要耐心倾听,并且询问反馈。耐心捕捉双方观点的合理性,保证法律的严明和严密,发现有漏洞的言语和观点,马上驳回和纠正。

非黑即白谬误：我怎么就支持恐怖分子了呢

😊 幽默故事

小明："你支持反恐战争吗？"

小红："我得想一想。"

小明："你别想了，你不就是不支持反恐战争，那你一定就是支持恐怖分子，咱俩得绝交！"

🎤 趣味点评

小红可是还没有说什么，就"躺着中枪"了。小明霸道地认为，如果小红不支持反恐战争，就一定是支持恐怖分子。这明显是犯了逻辑中的非黑即白谬误。在他的思维世界里，根本不给小红一个中间的思考地带。

⚙ 逻辑学解读

在生活中，需要我们进行选择和决策的地方非常多。但是，我们也经常会遇到如同故事中一样的事情，就是遭遇别人逻辑思维的绑架，即非黑即白的思维方式。非黑即白是一种逻辑谬误，这种思维错误主要是忽略了问题的多样性和复杂性，将复杂问题简化为非黑即白的选择，导致了偏颇的观点和决策。

故事中的小明，就是将"支持反恐战争"与"支持恐怖分子"作为"黑"与"白"的仅有可能，使用了简单粗暴的假二分法，来掩盖了其他可能性的存在。通过这种"非黑即白"的选择，小明误导了小红，甚至破坏了他们之间的正常辩论。其实在这个思辨中，小红也许是不支持反恐战争的，或许她只是不喜欢战争本身，甚至跟是不是反恐都没有多大关系。自然，更不能就此判断她是支持恐怖分子了。

我们再来看一则例子：

公司正在召开项目考察会议，其中，一个项目有35%的人表示反对，公司老板很高兴，他认为这个项目如果只有35%的人反对，那么也就是说有65%的人赞成，所以他很快就执行了该计划。结果执行计划失败。后来经过调查，原来真相并不是有65%的人赞同这个项目，其中甚至有50%的人是保持中立、不表明态度的！也就是说，有35%的人表示反对这个项目，并不意味着剩下的65%的人全部支持此项目，这是一个谬误。

这则案例也是非常典型的非黑即白的谬误案例，公司老板显然并不是故意和"霸道"地有意推断出65%的人表示赞成这个项目，他也不是盲目乐观。显然，这是他思维中常犯的"非黑即白"错误的思维方式引起的。老板考虑问题过于简单，将数据分析简化成"要么同意、要么不同意"，这是一种二元对立，明显忽略了企业人员的中间地带思想，从而导致判断失误，出现偏见和不客观的判断，导致了投产项目的失败。

这是典型的非黑即白式思考，这种思考方式使我们忽略了商业环境与其他环境的复杂性，并遏制了我们寻求其他解决方法的想法。再例如，"二战"之前，德国很大一部分人居然有这样的想法：他们认为，德国的问题根源与祸首是犹太人，只要把犹太人杀光，就可以救赎德国。这种思想正是"非黑即白"的纳粹思想。可以说非常可怕。

由这个说法对其进行分析，可见犹太人或许是引起德国问题的一部分原因，但并不可能所有问题都是犹太人造成的。偏偏那个时期这种呼声得到了很多人的呼应，这不得不承认一件事情：非黑即白的逻辑谬误存在一种诱惑力，因为有的时候，它们也有并不完全属于"胡诌"的情况。这时候它就包含一定程度的道理，但是，并非完全意义上的真理。

要知道，完全意义上的真理需要大量的考证和事实依据，而且需要耗费大量的精力去思考和论证研究。这时候，非黑即白的逻辑谬误就相当具有诱惑性，这种简化部分事实的论证，容易"诱引"人们相信与上钩。

这就能说明，"二战"时期，为何德国有相当一部分人想杀光犹太人，因为纳粹思想已经摸准了人性的习性与弱点，他们利用人们的民族情结和感性情感，大力宣扬仇视和屠杀犹太人的思想。所以，我们一定要做一个理性的人，每当听到这种非黑即白的问题与"胁迫"式选择时，都要提醒自己保持理性，试着去分析一下证明事物的证据到底是什么？这个证据是否一定是正确的？这个问题是否存在"非黑即白"的简化性，还是具有合理的复杂性？当你多问自己几个这类问题时，"非黑即白"的逻辑谬误就会显形，你就不那么容易被蒙骗了。

再例如，做心理测试时，其实很多测试并不准确，因为调查试卷的选择答案里，经常以"是"或者"不是"作为个人选择的答案选项，这两种信息其实可能都不是测试者心中想选择的答案，也许他正处于一种"中间心理状态"。因此，这个依据"是"与"不是"进行分析的报告，不可能是精准的，并且会对受试者产生误导。

在现在的 AI 高科技时代，非黑即白谬误也频繁出现。很多人普遍对科技发展持有非黑即白的观点："要么认为科技发展非常好，AI 改变了人类社会；要么认为完全坏，AI 的出现将对人类造成威胁。"其实，他们都简化了问题的论点。

他们完全可以这样认为："科技发展是双刃剑，既有积极的一面，如提高了生产效率、改善了生活和工作的质量；也存在潜在的风险和挑战，如 AI 造成的失业问题，这就不能够忽视。"

这些例子都表明，非黑即白谬误容易影响人们独立思考的能力，甚至可以进一步影响我们的思想和情绪，也许会让我们在无意识中沦为他人压迫剥削的对象。

最常遇到的例子，就是明星可以利用"非黑即白"这种错误思维，对网络媒体信息进行操作，从而收获巨大数量的"脑残粉"。为何叫"脑残粉"？就是因为他们没有正确判断事情和思考的能力，媒体呈现出什么选择和思想，他们就因为是自己的偶像所"表露"的，从而发疯似的追随。因此，明星很容易就可以对一件事情进行非黑即白的诱导，使该事物在"脑残粉"心中，简单地商品化、大众化、标准化。这就是网络时代信息爆炸的一种弊端。

因此，当我们遇到一些非黑即白谬误时，一定要深入剖析问题的根本，并且自己多持有不同的观点和建议，要对不同的论点进行论证和讨论，而不是一味地"顺从"别人给出的黑白结论。

同时，遇到"非黑即白"谬误，一定要及时叫停。请马上回答："不要辩论了，你给出的结论和选择也许是正确的，但是站在我的另一个角度来看待问题，我不这样认为。"运用这样明确的观点和句式，将能够轻松、及时地脱离无谓争论。

日常应用

为了避免非黑即白的逻辑谬误，我们可以使用以下一些方法：

1. 开辟思想的边界

开辟思想的边界，这是避免非黑即白谬误的关键。我们只有打破非黑即白选择的思考方式，才能更加开拓地思考问题的更多可能性和连接性。通过拓展思想的边界，可以从不同的维度层面来思考问题，避免出现非黑即白的思想谬误。

2. 考虑折中的思考方案

折中思考，是破解非黑即白思考谬误的重要方法。事情通常具有折中、中立的平衡性和可能性，我们应该学会在两个极端之外寻找中立的方法，通过考虑事情的折中方案，来探讨解决问题的更深和更有层次的实用性方案。

3. 对问题进行深入分析

思考惰性是容易犯非黑即白逻辑谬误的重要原因，因此深入的分析问题，是解决非黑即白思考谬误的重要途径。当问题和决策出现时，只要我们肯多进行深入的思考，多角度地分析问题，就可以分析出问题背后的复杂性和根本原因，就可以对任何抉择做出更精准的判断，并找到解决问题更好的"第三种答案"。

第四章

解密逻辑学中的迥异思维

　　现实生活中，无论我们面对的知识是高深还是粗浅，揭开现象来看待事物的本质，都属于一种判断。而逻辑中的迥异思维，就是帮助我们判断这一过程的工具。逻辑学思维，分为七大逻辑体系，分别为抽象思维、收敛思维、逆向思维、追踪思维、博弈思维、侧向思维与组合思维。这七大思维分别从不同的思维角度、不同的思维层次思考问题，自然也会给出问题的不同答案。让我们深入解密逻辑学中的迥异思维，去探索每种思维是如何解决问题的。

抽象思维：这不就是 1+1=2 吗

😊 幽默故事

草原上有一对欢快的马儿，美术大师、生物学家、物理学家、数学家看到后分别发出不同的赞叹：

美术大师："碧波大地、蓝天白云、野马奔腾，甚是美丽！"

生物学家："雌雄相配，生生不息！"

物理学家："公马奔腾，母马静卧。"

数学家："你们都太逗了，咋这么多词汇呢？这明明就是 1+1=2。"

🎙 趣味点评

正所谓不同的人眼里，有不同的世界。故事中的美术大师，看到草原上的一对马儿，想到的是"野马奔腾"与美丽的草原相得益彰；生物学家看到了"生命的起源"与"雌雄相配"下的生生不息；物理学家看到了动态的公马奔跑，静态的母马静卧；最搞笑和不解风情的是数学家，他的脑子里只有数字和公式，他居然想到的只是 1+1=2！这个故事向我们表明，不同的抽象思维，会演绎出不同的世界。

逻辑学解读

故事中的各个行家，已经形象地向我们展示了抽象思维的魅力，那么到底什么是抽象思维呢？

抽象思维是人们在认识活动中运用概念、判断、推理等思维方式，对客观现实进行间接、概括的反映过程，属于理性认识阶段。抽象思维的哲学定义是理论化、系统化的世界观，是自然知识、社会知识、思维知识的概括和总结，是世界观和方法论的统一。

这样来看抽象思维的定义，我们可能还是不能完全理解抽象思维是什么，那就请在脑海中想象一下毕加索的画，毕加索是有名的抽象艺术大师。他的画向我们展示的就是典型的抽象思维下的"抽象艺术"，抽象思维就是对琐碎的现实进行的一种概括，将直接的具体表象进行了间接的升华。

抽象思维不是具体的，它有时候让大多数人摸不着头脑，就像故事中的生物学家，看到马儿，他感受到的是雌雄相配，生生不息。所以抽象思维是复杂的，有时候它超越了眼前的现实。

下边我们来具体看一个抽象思维的小故事：

一位农夫请了工程师、物理学家和数学家，让他们用最少的篱笆围出最大的面积。

工程师用篱笆围了一个圆，他说："这是建筑学最完美的设计。"

物理学家并不行动，他傲慢地说："只要将篱笆全部分解拉开，形成一条足够长的直线，把这个直线一直围绕到半个地球那么长时，面积就是最大了。"

数学家听了两个人的话，哈哈大笑。然后，他用很少的篱笆把自己围起来，然后说："我现在是在篱笆的外面。"

这个小故事形象地向我们展示了抽象思维的应用意义。工程师、物理学家和数学家都是利用他们不同的抽象思维，把农夫给出的要求解出了不同的答案，并且答案各有千秋。数学家更是聪慧地利用抽象思维抓住了问题的根本，他将自己围起来，称自己在篱笆外面，那么地球上其余空间不都是篱笆内的面积吗？可见他真的用最少的篱笆围出了最大面积。

我们再来看一则案例：

两个大学生一起坐在一棵果树下休息。树上一个熟透了的梨掉了下来，一个学生高兴地捡起来，说道："我有梨可以吃啦。"

这时，又一个梨子掉了下来，另一个同学弯腰捡起来，他并没有吃，而是陷入了沉思："啊！原来这就是牛顿说的万有引力定律。"这位同学对此现象深感兴趣，回家后对牛顿的万有引力定律进行了深入研究，写出了出色的论文。

通过对比可以看出，第二个大学生的思想境界要更高一些，他懂得利用物理现象进行思考，这种思考就是"抽象思维"运作的过程。而正是通过这种抽象思维，让他认识到了更多事物的真相和规律，获得了一定的成果。

抽象思维能力是人类智慧的核心部分，在人类对客观世界的认知中具有主导作用。通过这两个大学生的举动，可以看出来，具有抽象思维的人更愿意思考事物，善于分析，能够将事物的各种规律、特点以及隐藏在背后的真相和规律深入挖掘出来。

这则案例也说明，抽象思维不仅具有像毕加索画作那样的"美学意义"，更具有帮助个体智力发展的现实意义，而且抽象思考可以通过获取概念，揭露本质。

我们再接着来看一则故事：

一位老师兴致勃勃地准备了一道数学题，他想考一考他的学生们的智商和算数能力如何。

老师问："树上有10只鸟，猎人开枪打死了1只，树上还剩下几只鸟？"有个男孩子站起来："老师，您确定那只鸟真的被打死了吗？"

"是的。"

男孩皱着小眉头："手枪是无声的吗？"老师："并不是。"

男孩："那枪声很大吗？"

老师："在70至100分贝之间。"

男孩惊呼："这个声音可是会震得耳朵发疼的。"

老师已经不耐烦了："是。"他接着说："孩子，你快说树上还有几只鸟？"

男孩并不着急："老师，树上的鸟没有耳聋的对吗？"

老师黑着脸："没有。"

男孩终于自信满满地回答："老师，经过缜密的问答，我可以确定，如果打死的鸟挂在树上没有掉下来，那树上就还有1只鸟。如果打死的鸟掉下去了，那树上一只鸟都没有！"

这个故事中的小男孩相当聪明，他并没有把老师的问题当作一道简单的数学算术题看待，而是通过复杂的抽象思维对老师进行了反问，其实小男孩就是要证明一件事情："枪声吓跑了所有的鸟儿。"可以说抽象思维让小男孩具有较高的智慧，他得到了客观真实的答案！

由此可见，抽象思维在人类的认知活动中发挥着重要作用，它使人们能够超越一些感觉上的限制，通过概念、判断和推理来把握事物的本质和规律。同时，抽象思维也是我们进行科学研究、艺术创作以及其他高级智慧活动的基础。通过培养抽象思维，可以更好地解决问题、发现世界。

日常应用

随着抽象思维的广泛和深入的应用，日常生活中很多方面开始对抽象思维非常重视。让我们看一下抽象思维在日常生活中的应用。

1. 在解决问题方面的应用

抽象思维在日常生活中可以帮助我们解决实际问题。例如，工作中面对复杂的任务安排，当不知道如何下手处理时，可以运用抽象思维，对各个任务进行抽象简单化处理，先用头脑抽象出简单的步骤，然后按照一定的逻辑顺序进行排列，从而得出最佳的处理任务的方案，使工作能有条不紊地开展。

2. 在学习和创新方面的应用

在学习和创新的时候，抽象思维起到至关重要的作用。当我们学习新的知识时，抽象思维可以帮助我们将复杂的知识体系简化，变成容易理解的知识体系和原理。在创新过程中，抽象思维可以帮助我们打破陈旧的思想观念，开发新的思维模式，发现新的方案和解决策略。

3. 在不同领域的应用

在科学、艺术等研究领域中，抽象思维是科学家发现新理论的关键工具，是艺术家获取灵感的源泉；在经济领域中，抽象思维是经济决策者分析市场复杂现象的重要方式。通过对复杂问题地分析，人们可能在不同领域发生着不同的头脑风暴。通过抽象思维，人们创意思考的能力将获得提升，将出现更多的方式来解决不同的问题。

收敛思维：原来是百度呀

☺ 幽默故事

有一个人去参加培训，讲师问大家："你们知道什么是最快的收敛思维方法吗？"

大家纷纷猜测，有人说是"排除法"，有人说是"演绎法"。讲师笑着说："其实最快的收敛思维方法是——百度！"

全场哄笑。

🎤 趣味点评

百度是众所周知的搜索引擎，但是鲜有人知道，其实百度使用的逻辑思维方法是"收敛思维法"，所以当主讲师问大家"什么是最快的收敛思维方法"时，众说纷纭，而让人们哄堂大笑的是，答案居然就是"百度"，我们再一深思，百度确实担当起"最快的收敛思维方法"，它不就是"一搜"，同时"嗖"一下子，全网所有的信息都聚集了。

逻辑学解读

收敛思维，又称聚合思维、求同思维或集中思维，是一种使四面八方的相关思维指向某个思维中心的思维方式。换句话说，它就是将无数分散的思维信息收敛或汇聚于某一个思维信息中心的方法。

由此可见，故事中的百度确实是最快的收敛思维，因为百度可以将互联网上所有的信息收敛起来，聚集于网页答案中，集中给出人们想要知道的答案。收敛思维是人类进步和社会发展中常用的思维工具之一，应用范围非常广泛，经济计划、决策管理、建筑施工和调查研究等领域，都能见到它的身影。

同时，它也是创新思维的一种形式，与发散思维相辅相成。

收敛思维的应用方法是：从不同渠道、不同材料、不同层次中的不同结果中，快速地做出判断，并得到结论。简单概括，就是将所有问题和因素都集中在一起进行分析，集中解决问题。故事中的百度就是一个很形象地形容收敛思维的例子，百度好比一个大的收敛思维内核，它通过引擎搜索，并筛选、分析得出正确结论的过程，就如同收敛思维运用的过程。

这里有一个比较有名的案例，我们来详细看一下：

20世纪60年代，我国开发了大庆油田。当时，连许多中国人都不太清楚大庆油田的具体位置和采油量等一些重要数据，但是日本人却对大庆油田了如指掌。难道日本派特务来大庆了吗？其实答案并不是，而是因为日本人擅用收敛思维收集答案。

当时中国流行画报，那时候的热点新闻就是铁人王进喜。日本人善于收集信息，用收敛思维收集中国情报。他们从王进喜的一系列报道照片中，看到背景是皑皑白雪，而王进喜身穿大棉袄，就判断出大庆油田的位置一定位于东北三省偏北处。接着，他们又从一张人推肩扛的照片，推断出大庆油田一定距离铁路线很近。还有一个关键线索，就是《人民日报》对王进喜的采访中，他到了马家窑这个地方，说道："好大的油海啊，我们要把中国石油落后的帽子丢到太平洋里去！"由这个采访，日本人推断出马家窑就处于大庆油田的中心位置。

接着，日本人又根据王进喜在1964年参加了第三届全国人民代表大会这个新闻，推断出这一年一定是大庆油田的产油起始年。因为只有发生了大庆油田产油这样的大事，王进喜才会当选为人大代表。

此外，日本人还通过《人民日报》刊登的国务院政府工作报告内容，估算出大庆油田的年产量为3000万吨，方法就是将当时报纸公布的全国石油产量减去原来的石油产量。同时，日本人还根据一张中国钻塔的照片，推算出了大庆油田油井的直径大小。这种收敛思维的应用，真是让人暗叹他们的逻辑推理功夫了得。

根据这些推算出来的情报和数据，日本人很快就设计出适合大庆油田开采的设备。当我国政府向世界各国公开征求开采大庆油田的设计方案时，日本人不出意料地中标了。

这个案例就是非常典型的运用收敛思维的案例。日本人仅仅从我国官方报纸上的公开信息就推算出大庆油田的真实信息，这不禁有些令人惊叹。由此可见收敛思维的厉害。

从这则案例，也能清晰地看出收敛思维法的路径：沿着一条信息链

第四章 解密逻辑学中的迥异思维

收集所有与它相关的有价值的信息。这种收集信息的办法简单有效，但是要求收集信息与分析信息的人员具备较高的逻辑思维能力，他们可以迅速分辨出信息背后所映射的答案，并且能够辨析什么信息是真实有用的，什么信息是无用的。

我们再来看一则商业小故事：

一家制冷产品公司想要研发一款新型电风扇。他们希望能够设计一种既可以有效地冷却空气，产生的噪声又最小的电风扇。

研发人员开始进入发散思维阶段。在这个阶段，研发人员收集了各种各样的奇思妙想。但是很快设计工程师就发现，越是发散思维，越会有更多的想法，而每一个新的想法里，都会产生一系列新的研发问题。例如，更换风扇的材料，可以降低噪声，但是新型材料会增加很多成本；更换扇叶的设计，则会带来和风速、制冷相关的新问题。

于是，他们不再用发散思维，而是用收敛思维，将各种创新思路缩小成一个方向的一小部分，对这些思路进行评估和分析，筛选出最符合要求的方案，并进行研发和实验。

通过收敛思维后的研发，他们很快就成功设计出了一种符合要求的电风扇。

这个案例向我们展示了收敛思维在商业生产研发中的重要性。如果不是在研发期将发散思维转化为收敛思维，科研人员还要做很多的无用功，既浪费时间又消耗资金成本，但是因为他们及时应用了收敛思维，将各种创新的思路进行了缩小和评估，才找到了这些方案中的优缺点，并选择出最佳方案，最终研发出令人满意的电风扇。

通过上述案例，我们总结出一般在运用收敛思维时有以下几个步骤，下面来详细看一下：

第一步是收集。像百度搜索引擎一样，要多方位的全面收集掌握各种相关信息，收集的信息越多越好。掌握了这些信息，才可以进行收敛判断。

第二步是筛选。对全部信息进行分析和筛选，将有价值的信息和信息背后的价值保留，将没有价值的信息剔除。

第三步是收敛结论。对所有有价值的信息进行抽象、概括、分析、推理、比较、归纳后，从中推理总结出本质，并且找出特征和规律，最终得出答案。

日常应用

收敛思维很重要，其可以应用在日常生活的很多方面。

1. 决策方面的应用

当我们面临不同的选择时，收敛思维可以帮助我们评估不同的风险，从而做出最明智的选择。例如，在买房子、选择职业这些大事面前，我们可以根据收敛思维，对地理位置、收入等因素进行全方面的信息收集，然后做出正确的选择。

2. 解决问题方面的应用

收敛思维可以帮助我们分析和解决问题，从而找到问题的最佳答案。例如，当我们遇到工作和学习中的难题时，冷静下来，使用收敛思维的方法来分析问题的原因，深入探究问题，分析问题，就可以找到比较准确的答案。

3. 时间管理方面的应用

将收敛思维应用在时间管理上,可以让我们的时间管理更高效有序。例如,我们可以使用收敛思维来制定时间表和待办计划表,这样就可以将所有的事情都合理规划,确保我们按时完成任务,并且避免浪费时间。

逆向思维：不敢不回家的丈夫

😊 幽默故事

丈夫贪玩，经常很晚才回家。于是妻子立下家规：晚上 11 点将家门反锁。

第一周奏效。第二周丈夫又开始晚归。妻子按照规定把门反锁，丈夫进不去屋，索性整夜都不回家了。

妻子很郁闷，婆婆知道后给予指点。修改家规为：23 点前不回家，我就开着大门睡觉。

丈夫大惊，从此每天准时回家。

🎙 趣味点评

故事中的丈夫不爱回家，妻子利用正向思维制定对策：定下"超过晚上 11 点就将大门反锁"的家规，以此来"强行胁迫"丈夫晚上 11 点前回家。没想到这招只是短暂奏效，后来丈夫干脆不回家了。这时候婆婆利用"逆向思维"使出大招，家规变为"23 点前不回家，妻子就开着大门睡觉"。这条家规涉及丈夫的切身痛点，他不得不天天按时回家。我们在赞叹婆婆智慧的同时，不得不感叹使用"逆向思维"解决问题的精辟和独到。

逻辑学解读

逆向思维，也称为求异思维，它是对司空见惯的、似乎已成定论的事物或观点反过来思考的一种思维方式。敢于"反其道而思之"，让思维向对立面的方向发展。

正如故事中的婆婆，她之所以能给出让儿子乖乖按时回家的"招数"，就是因为她采用了逆向思维，反过来思考"怎么样才能踩到儿子的'痛点'"，这样儿子就会按时回家了。这种思维的转化将问题简单化，直指根本。

先来看一则小故事：

有一家自助餐厅，墙上贴着：吃不完造成浪费的罚款 20 元。

但是很奇怪，客人依然我行我素，浪费的现象依然很常见。老板很犯愁，他求助他的好朋友，好朋友说道："你把这个警示改成'光盘者奖励 10 元代金券'，然后你将自助餐的价位提高 10 元。"

这位老板按照这个主意做了，出乎意料的是从这以后几乎很少出现浪费的现象了，而且店里的生意变得更好了。

老板很不解。好友笑着解释道："千万不要用罚款这种让客人觉得吃亏的方法，而是要让客人觉得占了便宜。"

这则小故事中好友采用的就是逆向思维法。它告诉我们，当用正向思维解决不了问题的时候，用逆向思维反而会获得意外的效果。老板的思维是典型的正向思维，他担心人们浪费，顺着这个问题去拓展，就制定了一个规定："如果吃东西浪费，就罚款20元。"没想到客人根本不理会这个，照样出现大量的浪费现象。老板的朋友运用逆向思维提出建议：要解决浪费，可以反过来想，如果"光盘"了，那就奖励10元代金券。这不仅让顾客不再浪费，还以此代金券，吸引顾客再来店里消费。

逆向思维一共可以分为三种类型。

第一种：反转型逆向思维

反转型逆向思维是从已知事物的相反方向进行思考问题，一般从事物的功能、结构、因果、状态关系等方面做反向思维。

例如，在几十年前的印度，有一种"贵妇们出门喜欢戴高帽子"的习俗。妇女们认为，戴这种帽子是身份高贵的象征。然而，这些妇女在看电影时，也不会把高帽子摘下来，这导致坐在她们身后的人们根本看不到电影屏幕。

影院工作人员贴出公告，倡议女士们摘掉帽子观影，但是这根本不奏效。

后来，影院工作人员想出了一个好办法。每次观影前，屏幕上都会出现一则通告："本院为了照顾年老生病的女士，可允许她们戴着帽子观影，在放映期间不必摘帽。"这则通告一播放，女士们都赶快摘掉了帽子。

这则案例就是利用了反转型逆向思维，对贵妇们佩戴帽子的功能与因果关系做出了反向思维。贵妇们佩戴帽子的因果关系是：因为我是贵妇，地位尊贵，所以我要佩戴帽子，也不能摘掉帽子。而影院工作人员非常聪明，他们将这种因果改变成：因为你年老生病，所以你需要佩戴帽子，并且在观影时也可以不必摘掉帽子。影院将这个因果关系改变后，贵妇们都吓得赶紧摘下帽子，她们可不想被当作又老又病的女人。

第二种：转换型逆向思维

转换型逆向思维指在思考问题的过程中，如果解决问题的方法和手段受到阻碍，就通过转换思考角度来寻找解决问题的新方法。

例如，圆珠笔很好用，但是容易漏油。这是一个众所周知的难题，大多数人都会认为，这是由于钢珠在写字时受到磨损造成的。因此，制造圆珠笔的技术人员们将解决漏油的方向都集中在钢珠的硬度、耐磨性上面，可在材料上却一直没有大的突破。

日本有一位发明家独辟蹊径。他并没有在人们日常思考的思路上过多停留，而是利用逆向思维来思考："需要怎样才能改变圆珠笔漏油这种事情的发生？"他想那就改变"油的问题"。他很快想到一个新的思路，如果将圆珠笔笔管中的油减少，使其在钢珠没有用坏之前就用完，漏油问题不就解决了吗？于是，他通过对圆珠笔使用过程中开始漏油的时间和写字量进行了大量的实验，终于找出了减少漏油的规律，计算出了适合圆珠笔的油墨量，解决了圆珠笔漏油这个难题。

这则案例中，大多数技术人员思考问题的思路，属于常规解决问题的方法，即："哪里出问题解决哪里。"但是日本这个发明家却通过转换思考角度，将漏油的根源"圆珠笔钢珠磨损"这件事情，转化成"在圆珠笔的钢珠磨损前，油就用尽"，成功地解决了问题。

第三种：缺点型逆向思维

缺点型逆向思维不以克服事物的缺点为目的，反而将事物的缺点变为可利用的东西，化不利为有利。

有一家炸鸡连锁店开在美国西部，创始人达西·摩尼发现，传统炸鸡店在送餐时存在一个普遍的缺点：送餐时间过长，顾客需要长时间的等待。他发现这个问题后，并没有将这个缺点视为不好的事情，而是以这个缺点为出发点，制订了一个"30分钟送餐保证"计划，这一创新举动改变了炸鸡行业外送服务的规则，使他的炸鸡连锁店迎来了新的春天。

缺点型逆向思维的人和普通思维的人非常不一样，在普通人忌讳缺点问题时，这类逆向思维者已经通过关注问题中的缺点、不足和负面，以此为发轫点寻找解决问题的方案。

相比传统思维，缺点型逆向思维通过对问题的负面因素进行转化，来改变视角和思考问题的方法，以缺点为突破口，进而解决问题。就像案例中的炸鸡店老板，并没有将送餐慢作为他经营的障碍，反而看成发展的机遇，通过改进送餐方案为"30分钟送餐"，发现了新的契机和市场，从而提升了效益。

日常应用

逆向思维在日常生活中有着广泛的应用，以下是一些常见的应用场景。

1. 解决问题

当我们面临一个难题时，使用传统的思维方式可能无法更好地找到解决方案，这时我们可以尝试使用逆向思维，从问题的反面或对立面去思考怎么解决。例如，要解决城市交通拥堵的问题，除了常规的扩大路面和增加交通设施外，我们可以考虑限制私家车出行数量来解决问题。

2.创新发明

逆向思维可以为创新发明提供很多的灵感来源。对传统观念进行逆向思考，往往能够催生出新的创意。例如，苹果手机之父乔布斯所推崇的"连接点"的理念，是将现有的数码产品功能进行逆向组合，以生产出更加新颖的产品。

追踪思维：刨根问底的男孩

😊 幽默故事

有一天，一个男孩问他的父亲："爸爸，什么是政治？"

父亲回答："儿子，政治就是你妈妈是家里的老大，咱们都是小弟。"

"爸爸，什么是小弟？"男孩又问。

父亲回答："就是你妈妈让咱们干什么，咱们就得干什么。"

"妈妈会让咱们干什么呢？"男孩接着问。

父亲只好耐心地说："妈妈会指挥我们做好家里的大事。"

男孩接着问道："那家里的大事是什么？"

父亲显然有些不耐烦了："家里的大事就是干家务！你给我扫地去！"

🎤 趣味点评

故事中的父亲是一个典型的"老婆奴"，儿子是一个爱"刨根问底"的人，他抓住爸爸说的一个问题一直追问下去，这就是逻辑学中典型的追踪思维。这则故事在展示追踪思维特点的同时，揭示了这个家庭中妈妈的至高地位。随着儿子的一路提问，爸爸终于不厌其烦，给出了家里的大事就是"干家务"这个搞笑的答案。

逻辑学解读

正如故事中的小孩子，他们总是喜欢"打破砂锅问到底"，不停地问"为什么"，这就是小孩子的天性，也是追踪思维的原型。

追踪思维，也称为因果思维法，指的是按照原思路刨根寻底，穷追不舍，直至找出原因的思维方法。这种思维要求我们具有深入思考的能力，能够不断地去追问事物的根本原因，如果我们能够追踪出事物的根本原因，就意味着我们更容易洞悉事物的本质。

我们先来看一则故事：

有一天，在生产丰田汽车的一家公司里，一台生产汽车配件的机器突然停止了工作。技术人员仔细检查后发现，是保险丝断了引起的故障。正当技术人员要去换保险丝时，管理人员突然叫停了大家的工作。他说道："各位，我们不能就这样解决问题，丰田汽车最核心的思维方法是追踪思维法，我们要找到这个机器停下来的根本原因。"

他问道："机器为什么不运转了？"

技术人员回答："因为保险丝断了。"

管理人员问："保险丝为什么会断？"

技术人员答："因为超负荷运转导致的电流过大。"

管理人员继续问："为什么会超负荷运转？"

技术人员："因为轴承不够润滑。"

管理人员:"为什么轴承不够润滑?"

技术人员:"因为油泵吸不上来润滑油。"

管理人员:"为什么油泵吸不上来润滑油?"

技术人员:"因为油泵产生了严重的磨损。"

管理人员:"为什么油泵产生了严重的磨损?"

技术人员:"因为油泵没有装过滤装置而使铁屑混入油里了。"

管理人员大笑着拍着技术人员的肩膀说道:"你看!这才是故障出现的真正原因!"

这个故事里的管理人员,就是利用追踪思维,经过不断的追问,找出了生产汽车配件的机器故障的真正原因。这时候,他们只需要给油泵装上过滤装置,就可以解决这一大隐患。

如果没有这些"为什么",技术人员只换了保险丝,那么不久后保险丝还会断掉,问题还会反复出现。可见,追踪思维可以解决事物的根本问题。

追踪思维提示我们,在日常生活中,遇到问题,一定要透过现象看本质,多问几个"为什么",深入思考,才能真正彻底地解决问题。

我们再来看一则故事:

有一天,美国福特公司客服部收到一封奇怪的用户投诉信,这封信里写道:"我们家有一个长期以来形成的习惯,就是会在晚饭后吃一份冰激凌,作为饭后甜品。但是自从我们买了福特公司的车后,出现了一件怪事,就是在我去买冰激凌的这段路途中总是出现问题。而且,每次都是我选择购买香草味冰激凌后,车子就无法发动,但是假如我购买的是其他口味冰激凌，车子就能够发动起来！请你们一定告诉我这是为什么。"

客服部收到这封信后，极度重视这起事件。他们派了一名资深工程师去了解情况。

工程师故意赶在晚饭后这个时间去了这个用户的家中，他们正好乘车一起去买当天的冰激凌。结果，真的如信中所说，当车主购买了香草味冰激凌回到车上后，车子果真无法正常发动了！

这位工程师不信邪，他接连又去了三个晚上，第一晚，买的是奶油冰激凌，车子可以发动。第二晚，买的是巧克力冰激凌，车子也可以发动。只有第三晚，他们又买了香草味冰激凌，结果车子又无法发动了。

到底是什么原因造成了这种奇怪又邪门的现象呢？工程师觉得这简直有些匪夷所思。他根本想不出来这是为什么，就有些气馁地想要给客户办理退车手续。但是，工程师都有喜欢刨根问底的精神，他开始冷静下来，认真地分析这起事件。

通过层层分析，以及对整个购买冰激凌过程的反复检查，工程师终于发现，原来购买香草味冰激凌所花费的时间，要比购买其他口味冰激凌的时间少很多，因为香草味冰激凌是最受欢迎的冰激凌，它的销量非常大，所以店家为了让顾客等待的时间缩短，特别将香草味冰激凌的冰柜放在店外，并且距离出口最近。

这时工程师敏锐地捕捉到这里面有玄机。他不断地问自己："这是为什么？"

经过深入思考，他很快捕捉到问题的关键：从熄火到重新发动车子，如果间隔的时间较短，车子就发动不了！这才是这部车的真正问题，而不是因为购买香草味冰激凌才发动不了。而购买其他口味冰激凌都需要花费较长的时间，这就说明，较长的熄火时间，让汽车引擎有足够的时间散热，但是如果购买香草味冰激凌，熄火时间较短，汽车引擎并没有足够的时间散热，所以引擎发动不了。

经过分析思考，工程师终于判断出问题出在"蒸汽锁"上，正是没有足够的时间散热，车辆才无法启动。

这个故事非常有趣，本来香草味冰激凌与蒸汽锁属于风马牛不相及的两件事情，但是工程师运用追踪思维法，推断出了车子发生故障的根本原因。如果这位工程师没有坚守他爱"追踪"问题的信念，不仅可能查不出这部车故障的原因，还给福特汽车带来了不好的影响。而正因为查到了这个原因，福特汽车的性能得到了更好的完善。

因此，无论在生活中还是工作中，我们都应该培养"问为什么"的追踪思维，多去追踪一下事情发生的根本原因。这样才能从种种"迷雾弹"中看透事情的本质，从而真正地解决问题。而发现事物的本质，也会避免我们掉入反复出现的陷阱中。

日常应用

追踪思维，不仅能够帮助我们更好地关注问题的来龙去脉，厘清事件因果关系，还可以更好地理解问题和解决问题。应用追踪思维，对提高我们的生活质量和工作效率具有重要意义。

1. 在日常生活中的应用

追踪思维的应用可以说无处不在。在决策方面，它具有重大作用。例如，想要规划一次说走就走的旅行，就需要利用追踪思维，对可能要考虑的所有因素进行思考和布局，通过追踪这些因素的变化，来做出最佳决策；在学习过程中，也需要利用追踪思维，比如，在学习数学公式时，通过追踪思维，可以学习公式的来源、发展和如何应用这些公式。这样我们就可以更好地掌握知识点，而不是死记硬背公式本身，可以更好地运用公式。

2. 在职业领域中的应用

在职业领域中，追踪思维也被广泛地应用。例如，项目经理需要追踪项目的进度、预算和质量，就需要利用追踪思维，确保项目各方面都可以顺利完成。在市场营销中，营销人员需要对市场趋势和消费者的需求，以及竞争对手的各种信息进行追踪和思考，这样才可能制定出符合市场客观发展规律的营销策略。

博弈思维：有意思的猜拳游戏

😊 幽默故事

小明和小华玩石头剪刀布游戏，小明总是输。

小华得意地说："你怎么每次都输啊？"

小明叹了口气："唉，这真是聪明反被聪明误。我一直在想，如果你出剪刀，我就出石头；如果你出石头，我就出布；如果你出布，我就出剪刀。结果每次你都不按套路出牌啊！"

🎤 趣味点评

这个故事展示了小明在博弈思维上的过度分析和预测，这导致他注意力不集中，反而因为忽略了游戏本身的不可预测性而导致了失败。但是小明的行为也让我们充分地感受到他并非在猜拳，而是在进行博弈思维的对弈。这则故事以轻松的方式展示了博弈思维在日常生活中的应用和趣味性，但是也提醒我们，在博弈中切勿将思维过度复杂化。

逻辑学解读

博弈思维是思维方法中相对比较复杂的思维。正如故事中的小明和小华，一旦双方开始竞争，就代表他们彼此开始了思维之间的博弈和较量。所以竞争结果不仅取决于小华的抉择，也取决于参加竞争的小明的行为。故事中，小明和小华只是进行一场简单的猜拳游戏，但是这场游戏的结局并不是由小明和小华其中一人决定，而是由两个人的较量与彼此的智慧决定，同时一方做出决策后就不能反悔，因为作为对手的另一方已经出招了。

接下来，我们来看一下博弈思维的定义：博弈思维，指通过模拟各种竞争和合作的情景，以推测对手的思维和反应，并得出最优对策的一种思维方式。简单来说，就是做决策之前，双方都要考虑自己的行为对他人的影响，以及他人会因此做出什么行为及其行为对自己的影响。博弈思维中有一个隐形假设，即双方都是绝对理性的人，并且假设跟自己对弈的人都是聪明人。

博弈论中有这样一个经典案例，叫作"囚徒困境"：

两个人贩毒，一起被警察抓住了。他们被分别关在两个密闭的房间里，审讯也是单独进行的。在这种情况下，两个囚犯必须各自做出自己的选择：坦白交代或保持沉默。

两个囚犯心里都明白，假如他们一致保持沉默，那么将会得到释放。因为只要他们拒不认罪，警方就没法给他们定罪。但是警方更加聪明，对他俩说："假如你们中的一个人坦白了，即告发同伙，那这个人就可以被无罪释放，并且还可以获得一笔可观的奖金；而同伙则会被按照重罪判决，且给予经济惩罚，作为对告发者的奖赏。"自然，如果两个囚犯都选择坦白罪行，那么两个人都会按照贩毒定罪，而且谁都得不到奖赏。

这种情况下，两个囚犯将如何进行选择呢？是选择坦白还是选择沉默？

这就是"囚徒困境"。这两个囚犯的思考目标与利益点应该是一样的，就是成功地减少自己的困境和损失。从粗浅的利益来看，两个囚犯应该团结一致，保持沉默，因为只要这样做，他们两个就都能获得最好的结果：无罪释放。但是，他们在利用博弈思维时，会仔细思考对方会怎样选择。囚犯甲不相信在利益面前，囚犯乙是可靠的。他认为囚犯乙可能会向警方告发自己，从而获得奖赏并且被释放。他害怕这种情况的发生，同时他还意识到，对方也会这样想他，也不会信任他。

通过种种分析和推理、假设，囚犯甲觉得自己只能做一件事情，那就是坦白从宽，把一切告诉警方，如果这时候囚犯乙保持沉默，那么他就可以拿着奖金出去了。如果囚犯乙也想明白了，那么他也会如此交代罪行。所以，这个囚徒困境的结局就是两个人都认为自己做出了最明智的选择，坦白罪行，然后两个人一起坐牢。

这个故事中的囚犯和警方，都是运用了博弈思维。从囚犯的角度来看，他们两个人反复转动大脑，衡量每一种方法的可行性和利益，最终两个囚犯都以一种自认为最好的办法，掉入"囚犯牢笼"，即坦白罪行。其实，这其中暗藏了警方的博弈思维，正所谓"螳螂捕蝉，黄雀在后"，警方制定的游戏规则，才是真正最强大的博弈思维。警方将两个囚犯成功地一步步引入"自首"的圈套，并且成功地给两个囚犯定罪。

我们再来看一则众所周知的"田忌赛马"的故事，这则故事也是充分利用了博弈思维：

齐国将军田忌和齐威王要进行赛马，规则是三局两胜。田忌的好友孙膑经过仔细观察，发现齐威王的马脚力明显更出色一些，所以按照常规比赛，田忌一定会输。于是，孙膑将田忌的马分为上、中、下三等，然后用下等马迎战齐威王的上等马，用上等马迎战齐威王的中等马，用中等马迎战齐威王的下等马。结果经过三场比赛，田忌取得了两场胜利，而齐威王只有一场胜出，最终田忌在赛马比赛中夺冠。

这是一则很著名的故事，故事中孙膑关于赛马的安排，就是典型的博弈思维的体现。如果没有孙膑安排的对战策略，齐威王是有绝对的优势赢得比赛的，因为他的马是优于田忌的。但正是因为博弈思维的应用，导致本来强大的一方沦为输家，而弱势的一方反而胜利，可见博弈思维在走向成功的过程中相当重要。

通过以上案例，我们知道博弈思维最重要的是要"知己知彼，方能百战不殆"，首先要清晰地了解自己，并且完全熟悉对方的薄弱点和优势，这样才能在博弈的过程中抓住"致命点"。

博弈思维教会我们，一定要明确自己的目标。只有目标明确，才能一针见血地通过博弈对对手进行"锁喉"。

总而言之，博弈思维要求我们通过分析、思考，对事情要尽可能地多了解，而且不留漏洞地处理一切信息，只有熟练地掌握了博弈思维，才能更好地将其应用在生活工作中。

日常应用

博弈思维在日常生活和工作中有着广泛的应用，以下是一些具体的例子。

1. 在商业决策方面的应用

博弈思维可以帮助企业对企业决策进行精妙的分析，通过对企业竞争对手反应的深入思考，从而制定出更好的决策。例如，企业通过对市场需求的分析，和对竞争对手定价策略等因素的博弈分析，来决定自己的定价，达到利润最大化。

2. 在团队管理方面的应用

在团队管理中，博弈思维可以更好地帮助领导者协调团队成员之间的利益冲突，提高团队的工作与合作效率。例如，领导者可以通过分析团队成员的能力和贡献，来制定公平的奖励制度。通过这种办法，可以有效激励团队成员发挥更大的优势，并且激活潜力。

3. 在谈判时的应用

谈判的过程，可以说是博弈思维演绎最激烈的过程。通过博弈思维，可以帮助双方更好地理解和预测对方的意图，从而达成真正有利的协议。例如，双方可以通过分析自己的底线和对方的底线，以及可能的妥协方案，来制定最佳的谈判策略。

侧向思维：可以吸的奶嘴

😊 幽默故事

有一天，一个男孩走进一家杂货店，他对店主说："阿姨，我买一个奶嘴。"

店主笑着问："好啊，你要橡胶的，还是塑料的？"

"都不是，"男孩回答，"我要那种可以吸的。"

🎤 趣味点评

这个故事的幽默之处在于男孩没有直接回答店主的问题，而是从另外一个角度（即奶嘴的主要功能）去考虑，给出了一个搞笑又令人意想不到的答案。这则小故事体现了侧向思维的特点，即不局限于问题本身，而是从问题的其他相关方面寻找答案。

⚙️ 逻辑学解读

现实生活中，我们经常听到有的人喜欢"旁敲侧击"，喜欢"左思右想",其实这种思维方式,就如同故事中的小男孩一样,并不局限于从问题本身出发进行思考,而是喜欢从另外一个角度去考虑,并且结合其他领域的知识,去分析解决问题,这种思维方式就是侧向思维。

侧向思维亦称为"横向思维",是"纵向思维"的对称,是一种非常规的思维形式,以总体模式和问题要素之间的关系为重点,使用非常规逻辑的方法,设法发现问题要素之间新的结合模式,并以此为基础寻找问题的各种解决办法,特别是新办法。这种思维形式中,理智控制着逻辑。

我们先来看一则小故事:

南方雨水多时,河水会涨,一位商贾带着宝物想要过河。他走到河边,大喊道:"哪位船夫会游泳?"

随着话音落下,附近的船夫都跑了过来,争先恐后地说道:"我会游泳,商家坐我的船吧!"

只有一位船夫落寞地坐在角落里。商贾走过去问道:"你会游泳吗?"船夫不好意思地说道:"抱歉,我是这里面唯一不会游泳的。"

商贾非常高兴,他说:"太好了,我就坐你的船!"

这个故事的结尾显然让我们看故事的人觉得莫名其妙。别着急,当你知道其中的缘由时,就不得不感叹商贾的智慧。原来商贾带着宝物,他担心雨水多船会沉,所以要找一个"稳妥的船夫"。在常规思维的思考下,会游泳的船夫肯定要好一些。其实不然,从"侧向思维"来对这件事情进行考虑,只有"不会游泳"的船夫,才会更加小心地划船,那么坐他的船,肯定更加安全。

侧向思维虽然很好用，可以有效"破局"，但是侧向思维不是胡乱用的，它需要有一定的依据，而不是"胡思乱想"。

也就是说，通过侧向思维解决问题时，一定要依据一定的事实进行思考，不能毫无依据地分析。

比如，海南一果农因为忙碌，忘记给果树喷洒农药，结果果子在成熟时，遭到了虫子的啃咬，所有果树都挂满了有虫洞的果实。果农心想，如果顾客看到这样的水果，一定不会购买。他就静下心来想对策。果农突然灵机一动，取来纸笔，写了一个"纯绿色无农残"的牌子，挂在了果树上。

等到游客到来，他们看到了挂在果树上"纯绿色无农残"的牌子时，竟然争先恐后地采摘这些带有虫洞的果子。果农还笑眯眯地一直说："虫子是很厉害的，它们只吃没有毒的、甜的水果！"果不其然，整个果园的水果都被一抢而空。

故事中的果农真是太聪明了，他利用侧向思维成功"破局"，将卖不出去的"虫害水果"包装成"纯绿色无农残"水果，这不仅是因为他独特的思维和解决问题的方法厉害，还因为有"绿色食品"更受欢迎这个客观现实作为依仗。随着人们生活水平的提高，城市中的人们越来越注重吃的东西的安全性，而绿色生态产品正好抓住了这批消费者的心。果农正是利用这一点，运用侧向思维有效解决了问题。

世间万物之间都存在联系，有时候我们掌握了很多知识，却无法解决一些棘手的问题，这都是由于我们没有很好地利用侧向思维。下面我们再来看一则案例：

数年前，奥地利存在一个非常棘手的医学难题。为了解决这个问题，无数医生付出了心血。奥地利一位医生就此深入研究，他总是发愁，怎样才能检测出病人的胸腔积水？

这位奥地利医生也做了很多努力，还是思考不出来怎么解决这一难题。有一天，他回家和父亲喝酒，父亲是一位酒商，他看到父亲用手敲了敲酒桶，通过听酒桶的声音，就能够知道酒桶中还有多少酒。猛然间，他像被雷电击中，愣在了那里，他激动地想道："人的胸腔不就是一个大'酒桶'吗？如果用手敲一敲胸腔，凭借声音，也一定可以诊断出是否有胸腔积液！"正是这位医生，发明了著名的"叩诊"。

通过这则故事，我们看到了侧向思维在棘手问题中的应用。世间很多事情无法解决，不是在于我们的知识量够不够，而是在于我们是否掌握了其间的相互联系，侧向思维一旦应用得当，将为我们解决很多真正的难题，并且为科学的世界打开另一扇大门。

正所谓"条条大路通罗马"，侧向思维就如同故事中小男孩的回答一样，把你不曾想象的世界撕开一道口子，从而打破了原有的思维圈子，走出一成不变的思维陷阱，找到新的解决问题之路。

日常应用

在生活中，我们经常用到的侧向思维主要有以下三种：

1. 侧向移入

侧向移入指跳出本专业、本行业的范围，努力摆脱惯性思维，或者将其他领域已成熟的方法技术、原理移植过来直接使用。例如，鲁班因为被尖利的草划破手指，从而发明出了锯子。

2. 侧向转换

侧向转换指将问题转换成侧面的其他问题，或者将解决问题的手段转为侧面的其他手段。例如，有一家企业面临产品销量下滑的问题。他们从侧向转换角度思考，发现用户对产品包装的便利性有需求，于是对包装进行重新设计，增加便携性，结果吸引了更多消费者，销量大幅提升。这就是侧向转换解决问题的成功案例。

3. 侧向移出

侧向移出与侧向移入正好相反，移出是指将现在已经设想好的，或者发明好的、已有的合适的技术和产品，从现有的使用领域或者使用对象中摆脱出来，将其应用到其他领域的使用对象上。

组合思维：汉堡不要面包

😊 幽默故事

一家餐厅推出了新的组合套餐，顾客可以自由选择不同的菜品进行组合。

丽丽点了一份汉堡+薯条+沙拉的组合套餐。但是她说："我的汉堡不要面包，薯条不要盐，沙拉不要酱。"

服务员听后愣住了，问："女士，您的要求我听懂了，那您这组合起来还剩什么能吃呢？"

丽丽说："您给我一杯水，我把它们都蘸着吃掉！"

🎤 趣味点评

这个故事通过丽丽对菜品组合的奇葩要求，展现了一种独特的组合思维。虽然这种组合在实际中并不实用，但是以一种荒诞的幽默展现了组合思维的无限可能性。

第四章 解密逻辑学中的迥异思维

⚙️ 逻辑学解读

通过故事，我们可以看到，运用组合思维解决问题时可以无限发挥创意，将看似不相关的事物联系在一起。这种思维方式在现实生活中非常实用，可以帮助我们更好地解决问题。但是一定不能像故事中那样去奇葩组合，否则组合后的"产品"将是一种"荒诞组合产品"，那也很尴尬。

组合思维又称为"连接思维"或"合向思维"，是指把多项貌似不相关的事物通过想象加以连接，从而使之变成彼此不可分割的新的整体的一种思考方式。

我们先来看一则故事：

有两位快要饿死的旅行者，在经过一个村庄时，遇到了一位好心的大娘。大娘很贫穷，只有一筐鲜美的鱼和一根鱼竿，便将这两样东西送给他们，让两个人自己选择。他们其中的一人选择了先填饱肚子，便拿走了所有的鱼。而另一个人更有远见，他拿走了鱼竿，希望能以此谋生。于是，他们拿着各自选择的东西，踏上了各自的道路。

选择那筐鱼的人，在不远处生起篝火，将那些肥美的鱼烤熟。他没有留下几条，而是全部狼吞虎咽地吃掉了。不久后，他再次陷入饥饿状态，没几天就饿死了。

另一位旅行者，看似很聪明，但是他高估了自己的体能。他提着鱼竿朝大海走去，大海就是他的希望。没想到体力严重不支，在快要望见那片蔚蓝的大海时，他耗尽了所有的力量，倒地死去了。

不久，又有两位旅行者面临同样的境遇。他们同样来到了那个村庄，得到了村子里另一户好心人同样的馈赠：一根鱼竿和一筐鲜美的鱼。但是这两个人没有自顾自地选择某一件东西，也没有要分开的意思，而是决定携手合作，共同去寻找那片大海，一起谋生。

他们每天只烤一条鱼，两个人一人一半，只为能保持体能，活着走到大海。经过两个人的努力，他们终于在一筐鱼吃完时，活着走到了大海边。从此，他们两个相依为命，以捕鱼为生，都活了下来，并且过上了好的生活。

这个故事向我们展示了分开竞争和一起合作两种不同的力量。这两组旅行者，面对一样的境遇，第一组各自为政，最终都死掉了；而第二组两个人运用组合思维，相互合作，发挥出了1+1>2的力量，两个人都走到了海边，并活了下去。

再来看一则故事：

有一位生活在美国西部的画家，家境贫寒。虽然他常年作画，但是卖画的收入依然只够维持日常生活。

一天，他在画完作品的底稿时，突然发现有一个地方画错了，需要用橡皮修改。于是他丢下铅笔开始寻找橡皮。他东翻西翻，打落了简陋的画具，东西被他翻得乱七八糟，才终于在一堆废纸中找到橡皮。对此，他十分烦恼。

当他用橡皮把错误的地方擦掉后，又发现之前的铅笔不知所踪。他只好窝着一肚子火继续翻找铅笔，等到他好不容易找到铅笔，画画的灵感也消失得无影无踪。

他十分懊恼，一脚踢翻了画板。穷画家看着滚落在地的铅笔和橡皮，突然萌发了一个创意：他为何不将橡皮和铅笔绑在一起呢？这样就不会乱找铅笔或者橡皮了，使用铅笔和橡皮时也方便了很多。于是他找来细线，将橡皮和铅笔两个捆绑在一起。但是作画时，他觉得铅笔用着不是很舒服。于是他又灵机一动，将橡皮用薄薄的铁皮绑在铅笔的末端，这样既方便又美观，还很牢固。

后来，这位穷画家将这项发明申请了专利，著名的铅笔公司得知后，用55万美元购买了这项专利。这位穷画家一下子成为了富翁，而我们后来用的一些铅笔末端就有了橡皮。

这位画家运用的就是组合思维。他巧妙地将铅笔和橡皮组合在一起，创造了一个很有用的小发明，改变了自己的命运，也方便了很多人。这种创新的组合思维与篇头故事中的组合思维一致，只不过这种创新是可行和成功的，真正发挥出了组合后最大的价值。

由此可见，在现实生活中，我们有时需要对周围的事物全面了解，而不是局限性地只了解某些事物的一个方面。要在所有的选择来临时，留心观察一下，是否具有运用组合思维的可能性。组合意味着创新，意味着"1+1>2"的力量，让我们身边的机会与资源得到最大化的利用。

日常应用

组合思维应用在日常生活中时有以下几种方式，我们来看一下：

1. 同类组合

同类组合是将相同或者相似的事物组合在一起，以求达到一种特定的效果，这种组合并不只是在数量上进行叠加，而是在保持这种事物原有功能的同时，通过数量的增加和组合，来优化和扩展其功能，甚至开发出新的创新意义。例如，十米粥调节肠胃、滋补养生，作为养生食材，就是一种更好的组合；1000只空玻璃瓶搭建的"埃菲尔铁塔"，极具艺术感，这都是将同类物品组合在一起，展示了新的效果。

2. 异类组合

异类组合是将来自两个或两个以上不同领域的技术理念，或者将两种或两种以上具有不同功能的物质产品进行创造性的结合。例如，小时候我们常收到的音乐贺卡，就是将音乐和贺卡结合在一起；香味圆珠笔就是将好闻的气味和圆珠笔结合在一起，这些都使原有物提升出新的价值，赋予了新的功能。

3. 重组组合

重组组合并不是引用新的元素，而是打乱原有的组合秩序，将不同的事物分解成不同的层次，然后按照新的技术和创新理论以及新的目标，对这些事物进行重组。在重组的过程中，重点改变了各事物之间联结的关系，从而突显创新的意义。例如，吸尘器有吸床的短柄款式以及直立吸地款式，并且可以通过拆卸组合来使用不同功能；折叠变形金刚汽车，通过对机械部件的重组和折叠拆卸，可以实现小汽车和变形金刚之间的各种变换。

第五章

让论证更有力的逻辑推理

生活中,如何才能通过一些信息推断出某个未知的结论?这就需要逻辑推理,而逻辑学正是研究推理的学问。逻辑推理通常是由一个或几个已知的判断推导出结论的思维过程,这个推理过程,会让论证变得更加有力。本章节分别从因果推理、归纳推理、类比推理、直接推理、选言推理、演绎推理这六部分内容详细讲解什么是逻辑推理。学会逻辑推理,在进行逻辑论证时,将会具有非同常人的分辨与认知。

因果推理：吃辣炒饭时要注意保暖

😊 幽默故事

有一天，亮仔对虎妞说："我昨天吃了一份辣炒饭，结果今天我的肚子疼得很厉害。"

虎妞思考了一下，然后说："那不一定是因为你吃了辣炒饭，也可能是因为你昨天吃东西的时候着凉了。"

亮仔听后瞪大了眼睛，惊恐地说："哦，那看来我以后吃辣炒饭的时候必须穿上棉裤。"

🎤 趣味点评

这则故事中的问答其实正是一种逻辑推理的过程，即基于一种对因果关系的常规理解，虎妞认为吃辣炒饭这种行为与另一种结果"肚子疼"之间不一定存在必然的因果联系，只是其中的一种原因，可能还有另一种原因，如"吃东西的时候可能着凉了"引起了肚子疼。谁知道天真的亮仔简直就是一个"搞笑怪"，他居然理解成"以后吃辣炒饭时要穿棉裤"!

逻辑学解读

　　因果推理，也被称为反事实推理，是一种推理方式，主要解决"如果"与"会怎么样"这样的问题。世间万物都存在着各种联系，因果联系就是其中一种很常见的联系方式。逻辑学家认为，科学研究很重要的一点，就是找准事物之间的因果联系，只有抓住了因果联系，才能认清事物发展的根本规律。

　　故事中的虎妞，就是懂得用因果关系进行逻辑推理之人，她并没有马上认同亮仔的论点，即并不认同"吃了辣炒饭一定会引起腹痛"，她判断出这并不是因果关系推理中的必然结果，所以才有了后面闹出来的关于保暖的笑话。

　　生活中也常有关于因果关系逻辑推理的案例。例如，冬天结冰的马路上，经过了很多汽车，有一辆没换防滑轮胎的汽车突然打滑，撞到了电线杆上。那我们是不是可以这样推理："因为冬天下雪很滑，所以车打滑撞上了电线杆。"这是根据因果逻辑展开的推理，但是其中的因果并不是完全正确的，因为同样行驶的车辆中，为何只有这辆车打滑撞了电线杆？可见两者之间不是必然的因果关系。而且必然的因果关系应该是这样推理的："因为这辆车没有换防滑轮胎，所以它行驶打滑出意外。"换一种反向推理："如果车装上了防滑轮胎，那么它就不会打滑撞上电线杆。"这一推理显然是正确的，符合因果关系的内容。因此，我们在运用因果推理时，一定要注意互为必然因果才是成立正确因果逻辑的必然条件。

我们来看一则小故事：

清朝康熙皇帝做寿时，举办了盛大的庆生宴会，招待了满汉两族的高寿老人。宴会上，康熙皇帝总共敬了三杯酒：第一杯他敬了太皇太后，感恩太皇太后一直以来对他的疼爱与教诲；第二杯敬朝中大臣和天下百姓，感恩他们为朝廷做出的贡献，为大清王朝付出的一切。但是，谁都没有想到，康熙皇帝的第三杯酒居然敬给了他的"对手们"。康熙说："这杯酒专门敬我曾经的敌人，吴三桂、尚可喜、耿精忠、噶尔丹还有鳌拜。"说完将酒一饮而尽。所有大臣和老人都目瞪口呆，完全不知所措。

康熙为何有如此举动呢？他解释道："如果没有这些人这些年的虎视眈眈和为虎作伥，我康熙就不会拼命地强大，也就不会将天下治理得这么好。如果我登基时天下太平，没有这群乱臣贼子在我背后虎视眈眈，我不会逼迫自己成长为一位更强大、更优秀的帝王。"

康熙应用的便是逻辑推理中的因果关系思维，正是因为那些年有强大的敌人与其"明争暗斗"，才培养出了雄狮一样的帝王康熙。所以从因果逻辑上来说，对手是康熙前进的动力，更是让康熙成为优秀帝王的催化剂。

我们再来看一则案例：

玛丽和杰克是一对夫妻，他们带着孩子汤姆一起搭乘大巴去度假村游玩。因为路途遥远，司机一直在赶路，路上停车休息的次数特别少。

晚上八点多，旅游大巴还在山间奔驰。这时汤姆一直哭闹不停，他不断地说自己太饿了，想下车找地方吃饭，夫妻俩怎么哄都没用，只好让司机在一家旅馆附近停车。他们准备吃完饭在旅馆住下来，第二天再搭车去度假村。

晚上十点左右，汤姆已经睡着了。夫妻俩打开电视机，看到一条新闻："由于天气不好，雨水很多，今晚十点，我区盘山公路上发生了巨大的山体滑坡，一辆开往度假村的大巴被巨石砸中，埋在石堆里，大巴上的乘客全部丧生。"夫妻俩听后非常震惊。他们看到了遇难大巴的车牌号码，正是他们之前乘坐的旅游大巴！

妻子非常难过。她哭了，并且说道："如果我们不吵着下车就好了。"

杰克听后非常生气，他说道："你怎么了，亲爱的。难道你希望我们没有下车？你要知道，如果我们没有下车，现在已经葬身在乱石里了。"

话没说完，他突然大叫了一声："啊！我懂了，你是说，如果我们没有下车，车上的乘客也许会躲过一劫，不会死吧。"

这则故事告诉我们，有些事情并不能硬往自己身上"揽原因"，根据因果关系推理方法，显然这对夫妻与儿子下车这件事情，并不是引起"全车人员遭遇滑坡丧生"的根本原因。这场车祸的发生，不是单一原因造成的，其中有天气原因，有司机开车速度的原因，也有夫妻二人与孩子下车的原因。正是这些因素综合起来，才导致客车遇到山体滑坡，被巨大的石头砸中，所有乘客死亡。这才是一种正确的推理。但是如果说这场事故是由这一家三口下车引发的，这就是错误的因果关系推理。可见妻子说的话是错误的，丈夫的理解也是错误的。

因此，我们在分析和推理一个事件时，一定要考虑导致事情发生的方方面面的原因，不能感情用事，一定要作为逻辑理性人的角色，不以单一原因推出结论,而是要全面考虑,这样推论出的结果正确率才更高。

日常应用

因果关系是逻辑推理的基石,它帮助我们正确理解事物之间的联系。在日常生活中,这种推理几乎无处不在,让我们来认真看一下。

1. 在日常生活中的应用

因果关系推理可以预测未来的一些事情,并且根据预测,可以提前做出一些决策。例如,我们看到天空中乌云密布,电闪雷鸣,就可以预测马上要下大雨了。这就是基于经验和观察的因果关系推理:乌云和闪电意味着大雨将至。

2. 在科学中的应用

因果推理被广泛应用于揭示事物发展的内在规律和原因。如化学家利用因果推理来揭示化学反应的机制和原理,通过分析反应物、生成物以及反应条件之间的因果关系,来推断化学反应的路径和产物。

3. 在社会现象中的应用

在社会领域中,因果推理发挥着重要作用。例如,心理学家通过因果推理来研究人类行为和心理活动的规律,如通过分析行为和性格特点之间的细微因果关系,来揭示人类心理活动的内在机制。社会学家则利用因果推理来研究社会现象背后的原因和规律,如通过分析社会结构、文化、经济等因素之间的因果关系,更好地理解社会变迁和发展动力。

归纳推理：兔子的生育能力

☺ 幽默故事

一只兔子问另一只兔子："你知道为什么人类每年只能生下一个孩子，而我们兔子每年都能生下一窝孩子吗？"

另一只兔子回答："那肯定是因为人类太懒惰了，不会跟着孩子跑来跑去。"

第一只兔子笑着说："不，其实是因为人类的孩子都是人类，而我们兔子的孩子也都是兔子。"

🎤 趣味点评

这则故事巧妙地利用了归纳推理思维，制造了搞笑的笑点，通过对人类与兔子的生育能力进行对比，给出了"兔子界认知"，即"人类的孩子都是人类，而兔子的孩子都是兔子"，也就是说，人类有人类的生育方法，兔子有兔子的生育方法，这个归纳推理的回答让人忍不住哈哈大笑。

逻辑学解读

归纳推理是通过对个别事物，由一定程度的个别观点过渡到一个较大范围的普通一般观点的推理过程。这种由个别到一般的推理称为归纳推理。同时，它还具备由特殊的事物属性，推导出一般原理、原则的解释方法。笑话中的兔子就是用的归纳推理法。它由"个别的兔子一年下一窝兔子，人类一年只生下一个孩子"，过渡到"整个人类都是一年生一个孩子，兔子就是一年下一窝兔子"。它根据一类事物的部分对象具有某种性质，推出该事物的所有对象都具有这种性质的推理，因此给出推理结论：人类的孩子都是人类，兔子的孩子都是兔子。

举个例子：直角三角形内角和是180°，锐角三角形的内角和是180°，钝角三角形内角和也是180°，而所有的三角形都包含在锐角三角形、钝角三角形和直角三角形之中，因此可以得知，一切三角形的内角和都是180°。这个例子正是从个别知识"锐角三角形、钝角三角形与直角三角形的内角和是180°"进行推理，得出了"一切三角形内角和都是180°"这样的归纳推理结论。

我们来看一则故事：

古代有一位大官，他是花钱买的官。他家里非常有钱，但是他不识字。所以，他一定要花重金教会自己的儿子识字。

请来的先生开始教大官的儿子写字。他拿起笔在纸上写了一画，对大官的儿子说："这就是'一'字。"接着，先生写了两画，说："这是'二'字。"写了三画，说："这就是'三'字。"这个大官的儿子立马大叫："原来如此！"然后丢下笔跑到父亲那里说："父亲，我不用继续学了，我都学会了，我摸清怎么回事了，以后不用先生再来了！"

大官听了特别高兴："原来我的儿子这么聪明。"于是便把先生辞退了。过了一个月，大官打算请一位姓万的朋友来家中做客，就让儿子来替自己写请帖。一天过去了，儿子还是没有把写好的请帖拿过来，父亲就去催促儿子。结果儿子特别生气地说："父亲这个事真的难为人，请帖我写不出来了！天下那么多姓氏，为何偏偏姓万？我从早上写到现在，才写了七百多画！"

这个故事让人忍俊不禁，原来大官的儿子从"一"字一画到"二"字两画，再到"三"字三画中，利用归纳推理得出来的居然是这样的结论："所有的数字凡有多少数就有多少画。"显然这是个错误的归纳推理结论。归纳推理并不意味着什么都可以归纳总结为一个概括，而是必须有充分结论性。

我们再来看一则故事：

高斯是德国著名数学家，他小时候就聪慧过人。高斯10岁那年，数学老师曾给全班同学出了这样一道数学题：1+2+3+…+98+99+100=？数学老师私下演算过很多次，他已经知道了正确答案。但即使数学老师也算错了两次，且花费了很多时间，才得出正确答案。所以他深知这道题对于10岁的孩子来说是相当困难的，一不小心就会出错。

谁知老师刚将这道题在黑板上写完，高斯就举起手表示自己已经算出了答案。这令数学老师非常震惊，他问道："你知道答案了吗？"

高斯说道："是的，老师，我算出来了，是5050。"

全班同学和老师都愣住了，并且感到十分震惊。老师心想："这个答案是正确的！天啊，他是怎么做到的？"

老师好奇地问道："高斯，你是怎么计算出来的？快给同学们分享分享，你的答案是正确的。"

高斯说道："这道题太简单了。1到100，一共有100个数。大家看，这100个数头尾两个数加起来都是等于101，两两结合就是有50组，所以101乘以50就等于5050啊。"

通过高斯的回答，可见他解题的思路正是通过归纳推理所得。一道在别人看来很难的数学题，在高斯的归纳推理中，却简单地计算出了答案，可见归纳推理在科学中的重要应用。这道题所应用的归纳推理，正是从个体到一般的推理，并且通过具体事情的规律，推导出一个普遍性原理的方法。这种归纳推理使一些复杂烦琐的事情变得简单。

前面关于三角形的归纳推理的例子，属于完全型归纳推理，还存在一种不完全型归纳推理。例如，我们通过做实验，知道了金导电、银导电，再实验了铜和铁还有铝也都导电，因此得出归纳推理的结论——所有金属都导电，这就是一种不完全型归纳推理，因为"金、银、铁、铜、铝"并不能代表所有的金属。虽然这种结论属于"不完全性归纳推理"，但是这种推理形式在现实生活中却具有重要的意义。

由于完全型归纳推理在现实生活中有一定的局限性，当需要归纳推理的单位数量过高时，就很难真正完成。例如，我国某个城市有10000人均患有三高。在这个命题下，推理者要是遵循完全型归纳推理原则，就需要对这10000人进行全面调查，了解实际情况，并对这个命题下所有的单位要素进行审核了解，这显然不是一种可行和聪明的做法。

而不完全型归纳推理在这时候就起到了重要的作用，它只需要在 10000 人中随机抽查不同的代表单位和元素，通过归纳推理，就可以得出一个大概性的结论，从而就可以知道原命题是否正确。

总而言之，归纳推理无论在生活中还是科研中都至关重要，其应用于生活和科研的方方面面。我们熟练地掌握了它，便等于拥有了一种让生活变得更美好的推理模式。

日常应用

归纳推理逻辑方式的应用非常重要，下面让我们来详细了解一下它在某些方面的应用。

1. 在教育领域中的应用

在教育过程中，归纳推理有助于培养学生的创新思维和解决问题的能力。老师们可以通过归纳推理的方法，引导学生观察、发现规律，让学生们学会自主总结，从而提高学生们归纳推理的思维能力。这种能力不仅会让学生们的学习成绩得到提高，也提高了学生思维的创新性，对他们将来的事业发展起到积极作用。

2. 在科研和工程技术中的应用

在科研领域里，正是因为有了归纳推理，才有了新知识的发现和新理论的生成。科学家们通过观察实验现象，运用归纳推理方法，得出一些事情的根本规律，进而提出新的理论和假设。在工程技术领域中，工程师更是通过归纳推理，从过去的项目经验中总结出规律，摸索工程的创新思路，提高工程质量和加快工程进度。

类比推理：想吃公鸡下的蛋的国王

😊 幽默故事

从前有一位国王想吃公鸡下的蛋。他限丞相三天之内找来，否则提头来见。

三天过去了，丞相根本找不到。他儿子对父亲说："让我去见国王，我有办法。你留在家里等我回来。"

国王问："你父亲怎么没有来？"

丞相的儿子认真地答道："陛下，我父亲在家生孩子。"

国王顿时羞得脸通红，他只好赦免了丞相。

🎤 趣味点评

这则故事中丞相的儿子相当聪明，他利用类比推理的方法，以"其人之道还治其人之身"。既然国王想要吃公鸡蛋，就说明国王承认"公鸡可以下蛋"，那丞相大人自然也可以通过类比推理成"男人也可以生孩子"，所以国王只好在听到此回答时赦免了丞相。

第五章　让论证更有力的逻辑推理

⚙ 逻辑学解读

类比推理也称为"类推"，是推理的一种方式，它基于两个对象在某种属性上具有的相同以及相似性，通过比较的方式，对这两个对象的其他属性进行推断，并且认证其他属性也相同的一种过程。由于这种推理方式是从观察个别现象开始的，因此，这种推理与归纳推理具有一定的相似性，但是又完全不同。归纳推理是由特殊到一般的推理过程，而类比推理则是由特殊到特殊的推理过程。

类比推理的公式可以表示为：A类具有a，b，c，d属性，B类具有a1，b1，c1属性，其中a1，b1，c1分别与a，b，c相同或相似，那么B类对象可能也具有与d相同或相似的d1属性。换句话说，A和B在一些方面相似，那么在另一些方面也会很相似。

举例来说，细胞和地球都是球形，非常相似，而细胞结构分为细胞壁、细胞核、细胞质，那么按照类比推理得出，地球也应该具有这么多结构层次。经过科学研究发现果然如此，地球分为地壳、地幔、地核。

我们再来看一则故事：

从前有一位女士特别信佛，她每天都虔诚地跪在佛前认真地念阿弥陀佛。她经常教育儿子，说学佛是最幸福的事情，自己因为念佛已经像佛一样无嗔无烦。

后来有一天，儿子从外面回家后，就喊了一声："妈妈！"母亲很快答应了他。过了一会儿，他又突然大喊："妈妈！"母亲还是照样答应了他。但是儿子并没有停止，而是一直不停地叫道："妈妈、妈妈、妈妈、妈妈……"母亲终于不胜其烦地发火了，骂了他一顿。谁知道儿子竟然非常高兴地说:"妈妈,你不是说你已经无嗔无烦了吗?你每天都不断地喊阿弥陀佛,佛被你喊那么多次都没有烦,怎么我多喊您几声您就受不了了?"

这个故事中的儿子真的是太有智慧了。他并不是无意地和母亲开玩笑,而是利用类比推理的方法,来点化母亲。他利用母亲每天不停地念"阿弥陀佛"这件事情,来类比推理出"自己不断地喊妈妈"这件事情,印证了母亲还是没有真正地将心转化成像佛一样无嗔无烦。而修行,不就是在生活中的每件事情中去修行吗?

我们再来看一则故事:

一位写作爱好者非常清高。他总觉得自己才华横溢,并且写出的作品都是"旷世之作"。于是,他将刚完成的一部20万字的长篇小说邮寄给了一位非常著名的编辑。一个月后,他的稿件被退了回来,并且被告知:"不具备出版的资格。"

这位写作爱好者特别愤怒,于是他写信给编辑:"先生,您为何将我的稿件就这样退回来?而且凭什么说我的小说并不好?您根本没看吧!因为我在寄送稿件之前,将第30、第31、第32页粘在了一起,就是为了试探您是否认真看了我的小说。结果您将稿件寄回来后,我已经检查过了,这几页仍旧粘在一起,说明您根本没有看我的小说,您就是这样对待别人邮寄的稿件的吗?"

编辑回信道:"先生您好,我吃早餐的时候,打开一袋面包,没有必要非得把它全部吃完,才发觉面包是坏的。"

这位编辑真的很高明。他就是利用类比推理的方式,将吃了坏的面包和看这位写作爱好者的小说相互类比,旁敲侧击地点明了为何他并没有翻到被粘着的页码，从而幽默又不客气地论证了这位写作爱好者的书稿"不具备出版的资格"这一结论。

类比推理往往也会受到人们的知识结构、特殊原因和非逻辑因素等的影响。有时候针对不同的事物进行类比推理时，必须对事物的本质进行深层次的分析。下面我们来看这样一个特殊的例子：

三国时期，神医华佗可谓妙手回春，救人无数。一天，有两位年轻人在路上淋雨后出现头痛、咳嗽、鼻塞症状，并且都发烧了。他们正好遇到华佗神医在外义诊，就上前求助。

华佗为两人诊脉后，针对相同的病症，竟然开出了两服完全不同的药物。一服是发汗药，另一服居然是泻药。两个年轻人十分不解，他们问华佗，为什么两个人患的病一样，却用完全不同的药物呢？

华佗说："你们的病虽然症状看上去一样，但是真实病因完全不同。服用泻药，是因为他的病症是由内部引发的；服用发汗药，是因为你的病症是外部受风寒引起的，所以只需要发汗就可以痊愈。"果然这两个人服了华佗开的药后就痊愈了。

这个故事告诉我们，并不是看似一样的"属性"或者"特殊性"就都适用于所有的类比推理规律，而是要具体问题具体分析。故事中的两个人同样有头痛发热的症状，如果华佗没有详尽地对比出病症的根本差异，只根据症状的相似性开了一样的药物，那么两个人的病就不会都完全好起来。正所谓"对症下药，才能药到病除"，其实这说明的就是"辩证论理论"。由此可见，类比逻辑规律并非在任何场景中都适用。我们在面对不同的"论证主体"时，一定要学会从不同的角度找寻事物之间的差异，同时分析类比推理中的非理性因素，严谨分析逻辑中的属性。

掌握和正确应用类比推理，可以使我们的沟通更有智慧，可以超越已有的知识，在科学领域中生成新的知识，也可以让人们在对客观世界的认识中，拥有更多的指导。

总之，类比推理思维是逻辑学中一朵美丽的玫瑰，它的绽放为我们的生活带来更美的色彩。

日常应用

类比推理在我们的日常生活、工作学习中都发挥着巨大的作用，通过类比推理，可以更好地解决问题和创新思考，并提高生活质量。

1. 在科学领域中的应用

在科学研究中，类比推理被广泛应用于理论构建和科学实验的设计。例如，科学家通过类比电磁波和物质波，提出了量子力学的波粒二象性理论，为现代物理学的发展奠定了基础。

2. 在教育领域中的应用

在教学过程中，老师们常常利用类比推理帮助学生来理解抽象难懂的概念。例如，通过将电流类比成水流，使学生可以更直观地理解电流的形成和传导过程。

3. 在医学领域中的应用

在医学领域中，医生常常利用类比推理进行疾病诊断。例如，医生通过类比不同疾病的症状表现，可以迅速定位病因，为患者制定合适的治疗方案。

直接推理：失踪的鸡

😊 幽默故事

一位著名侦探来到了一个小镇。由于镇上的鸡不断失踪，居民纷纷向他求助。侦探仔细观察了现场，然后提出了一个直接推理："我明白了，一定是鸡自己藏起来了！"

镇上的人们惊呼："怎么会？为什么？"

侦探回答："因为我没有看到任何明显的线索，也没有找到任何证据。所以，最简单的解释就是鸡自己藏起来了。"

人们无奈地摇头，但是又不得不承认，侦探的推理确实是最直接的。

🎤 趣味点评

故事中的侦探探案应用的就是"直接推理"，但是此直接推理并非一种正确的、缜密的逻辑推理，而是搞笑地因为没有"任何线索"与"没有任何证据"，从而直接推出谬论"鸡都自己藏起来了"。可见这个侦探破案水平真的不怎么样。

⚙️ 逻辑学解读

读了这个故事，我们知道故事中侦探用的是一种"直接推理"的手段查案，他的推理直接，但并不是缜密的逻辑推理。那么，真正的直接推理到底是怎样的呢？

直接推理又称为直言判断推理。直言判断推理可以具体分为两种形式，一种是直言判断的直接推理，一种是直言判断的间接推理。直言判断的直接推理，就是由一个直言判断前提出发，经过一系列的演化推理，最终得出一个直言判断结论。本节我们主要先来了解直言判断的直接推理的规则。

直言判断推理，作为逻辑学中的基础推理方式，其重要性不言而喻。尤其在法律实践中，法官、律师等法律从业者经常运用直言判断推理来认定案件事实，判断行为是否构成犯罪，以及确定相应的法律责任。

我们来看一个具体的案例：

一户人家遭遇盗窃，男主人丢失了一台价格昂贵的摄像机。接到报案后，警察们迅速行动，很快锁定邻居王文义为犯罪嫌疑人。警察对王文义的家中进行搜查后，在床底找到一台摄像机。但是王文义一口咬定这台摄像机并不是他偷来的，而是他自己买的。

法庭上，法官问王文义："你确定摄像机是你自己买的对吗？"王文义回答："我确定。"

"那你可以提供摄像机的发票吧？"法官接着说道。

"法官大人，这台摄像机我买了好几年了，一直在用，但是发票早就不知道丢到哪里了。"王文义回答。

第五章 让论证更有力的逻辑推理

"那你可以描述一下这款摄像机的特征、信息吗？"

根据法官的要求，王文义将这款摄像机的特点、功能和一些基本信息一一介绍了一遍。

面对犯罪嫌疑人对这些问题都能对答如流的情况，法官陷入了深思。法官思考了一会，突然问道："刚才你说这台摄像机已经买了好几年了，并且你一直在使用，那你可以现在打开它，录制一段视频给我吧？"

王文义心里咯噔一声，但是想着这应该很简单，就赶紧回答："没有问题，那是不是如果我能做到，就能证明这台摄像机是我的，对吗？"

法官笑了笑，说道："不，不是这样的。如果你能打开摄像机，这不一定是你的；如果你打不开它，那就一定不是你的。所以你先打开，咱们再来进行判断。"

王文义捣鼓了半天，越紧张越不知道该怎么打开摄像机。他面对一堆英文按钮，连摄像机开关都没有找到。他慌乱地说："我可能太久没使用了，忘记该怎么开了。"

法官突然严厉地大声问道："荒唐！你刚才明明说这台摄像机一直在使用，怎么会忘记开关在哪里？"

法官命人将摄像机交给失主，结果失主一下子就打开了摄像机，并且可提供这台机器的发票。当失主提供发票后，法官核对了所有信息，都与这台摄像机符合。面对这一切，王文义只得老实认罪。

这个案例中法官判断摄像机到底属于谁的过程，利用的就是直接推理法。法官很有智慧，他从罪犯的话语中找出破绽，从而要求罪犯直接打开摄像机，来验证罪犯所说事实的真实性，并且给出"打开摄像机，不一定是你的，如果打不开它，那摄像机就一定不是你的"这条直接推理论证。

通过这个直接简单的推理逻辑，验证了罪犯不是摄像机的主人，而随后失主一下子就打开了摄像机，并且核对机器信息和发票信息相符合，就可以直接推理出这就是失主丢失的摄像机。法官凭借这一点最终给王文义定了罪。

再来看一则故事：

在一个富有的小镇上，有一位叫作约翰的侦探。他以其敏锐的观察力和出色的直接推理能力而闻名。有一天，他接到了一个神秘的案件，一块价值连城的宝石在博物馆夜间展览中丢失了。

约翰很快赶到了现场，开始调查这起离奇的盗窃案。经过多次查看博物馆的监控录像，约翰发现一名男子很可疑。他注意到，这名男子在进入展览厅时手里拿着一件黑色外套，而离开时，外套却不见了踪影。

约翰认真地思考："这名男子为什么要带着外套进入展览厅呢？"

他经过直接推理，意识到这件外套不可能是为了遮盖头部或者存放作案工具，因为这一切活动在监控中都能够看得到。约翰猛然间想到了一个可能：外套里面藏着宝石！

于是，约翰令人在全馆搜索这件外套，最终在一个隐蔽的垃圾桶里找到了被男子丢弃的这件黑色外套，并且宝石就在外套的兜里。这名男子很快就被警察抓住了。审讯中，他承认了盗窃事实。原来他是想趁大家都不注意时，去垃圾堆拿走外套，这样宝石就神不知鬼不觉地到手了。

这起案件的破解，正是因为约翰利用了直接推理的逻辑方法。这让我们更加相信直接推理的力量。它告诉我们：在遇到任何问题时，一定要保持冷静的头脑，认真观察分析每一个细节，直接进行推理，这是解决问题的关键。

综上所述，我们看到直接推理可以帮助人们找到问题的根源，熟知直接推理，能够增强我们的逻辑思考技巧。因此，我们应该学习案例中的法官，要善于观察、分析和推理，但是切莫学习故事中的侦探，推理出不符合逻辑规则的答案，在使用直言判断推理时，要确保遵守正确的逻辑规则。

日常应用

直接推理是一种直接的、非演绎的推理方式，它依据已知事实和观察结果，通过归纳、类比等手段，得出新的结论或预测。在日常生活及各领域中，我们经常使用直接推理来解决问题。

1. 在日常生活中的应用

直接推理可以应用在健康管理方面。例如，当我们吃了某种东西而感觉疲倦或者不舒服时，就可以直接推理出这种东西不适合自己，并且对自己的健康不利，可以根据这个推理来调节饮食结构。这种根据个人体验的直接推理，对于日常生活非常重要。

2. 在教育领域中的应用

教师可以通过了解学生们的兴趣、爱好等具体信息，从而直接推理出学生们的具体需求，进而调整教学策略，根据学生的需求来教学，提高教学质量。

3. 在医学领域中的应用

在医学领域中,医生可以根据患者的症状和病史,通过直接推理快速判断病情,为患者提供最快、最有效的治疗。

第五章 让论证更有力的逻辑推理

选言推理："可怕"的减肥中心

😊 幽默故事

琳达在减肥中心看到一则广告，上面写道："只要交纳3000元，我们就能帮你减掉30公斤体重！"

琳达非常兴奋，于是交了钱。3个月后，琳达打电话给那个减肥中心，生气地问："我交了3000元，为什么我现在只减掉了10公斤？"

减肥中心回答："哦，对不起女士，我们忘记告诉你了，我们有两种方案。一种是交3000元，可以减掉30公斤体重；另一种是交5000元，我们保证你能减掉30公斤体重。"

琳达愣住，然后问："那我可以退钱吗？"

减肥中心回答："当然可以，但是你需要交1000元的手续费。"

🎤 趣味点评

这个故事向我们展示了选言推理。广告中并没有提及有两种方案，而是让人误以为只要交纳3000元就能够减掉30公斤体重。减肥中心非常狡猾，正是利用这种"选言推理"的方式来搪塞被误导的顾客。当减肥结果并不如意时，他们才会给顾客揭示选言推理——原来还有另一种更贵的方案。这种暗藏的选项使得消费者在做选择时没有获得充分的信息，只能吃下这个哑巴亏。

逻辑学解读

选言推理就是通过对事物进行复合判断，从而推理出新结论的方法。它的推理模式是依据选言来判断各个选言支之间的逻辑关系从而进行推演，其中一个前提是选言判断，另一个前提为该选言判断的一部分选言支。

例如，"1.小明数学成绩不好，或是由于计算不准确，或是由于不认真审题（选言大前提）；2.小明数学成绩不好，不是由于不认真审题（小前提）；3.所以，小明数学成绩不好是由于计算不准确（结论）"。这个推理有两个前提，其中1是选言判断，2是该选言判断中的一个选言支，3是根据选言判断的逻辑性质推演出来的结论。

故事中的减肥中心，正是运用了这样的逻辑，他们打出虚假承诺，误导消费者，当消费者果真没有减重30公斤时，他们就推出两个选言支"交3000元，可以减掉30公斤体重"，和"交5000元，保证能减掉30公斤"，如果有人想退款，还需要交1000元手续费。在这种情况下，一般人都不会想再交钱，所以结果只会不了了之。

选言推理一般可分为两种基本形式，即肯定否定式和否定肯定式。

肯定否定式：是以选言判断为大前提，以小前提肯定部分选言支，结论则否定另一部分选言支。例如，这个苹果要么是生的，要么熟透了，这个苹果是生的，所以，这个苹果没有熟透。

否定肯定式：以选言判断为大前提，以小前提否定部分选言支，结论则肯定另一部分选言支。例如，王娜的跳远要么很好，要么不好，王娜的跳远不好，所以，王娜的跳远成绩不好。

同时，选言推理还分为相容选言推理和不相容选言推理。

相容选言推理就是以相容选言判断为大前提，并根据其逻辑性质进行推理的复合判断推理。同时，相容选言推理只有一种有效的推理形式，即否定肯定式。例如：或者天天去北京，或者天天去上海；经父母协商，天天不去北京；所以，天天去上海了。

不相容选言推理也有否定肯定式和肯定否定式两种有效的推理形式。

否定肯定式：例如，要么董伟是冠军，要么王洪是冠军；董伟不是冠军；所以，王洪是冠军。

肯定否定式：例如，我们要么去山东视察，要么去吉林视察；我们去山东视察；所以，我们不去吉林视察。

下面我们来看一则关于选言推理的案例：

皇帝打算派一名官员去江南查案，他要找一位绝顶聪明之人。文官浩明和武官李日都向皇帝表明自己想去查案。于是皇帝想出一个办法来测试他们两个哪个更聪明。

皇帝把两个人带进一间没有窗户的屋子，屋子里只有蜡烛照明，并且没有镜子。皇帝命人拿出一个盒子说道："这里面有五顶帽子，两顶红色，三顶黑色。现在我把蜡烛吹灭，咱们三个摸黑各取一顶帽子戴在头上，然后我关上盒子，再点燃蜡烛，你们两个谁先说出自己头上戴的帽子是什么颜色的，就派谁去江南查案。"

于是三人各自戴了帽子，皇帝命人点燃了蜡烛。他们两人看到皇帝头上戴了一顶红色的帽子，两个人又相互看了一眼。很快，浩明就大喊道："我戴的帽子是黑色的。"

结果，皇帝非常满意地派遣浩明去江南查案。

这个案例就是一个非常典型的选言推理案例。皇帝给两位大臣设置了一道逻辑思维难题，浩明利用选言推理的方法，最快地得出了答案。

他是这样推理的：因为一共两顶红帽子，而皇帝头戴红帽子，可见浩明要么戴的是红帽子，要么戴的是黑帽子。也就是说，假设浩明戴的是红帽子，那么李日应该很快就能推理出他自己戴的是黑帽子，但是李日没有马上推理出结果，可见浩明戴的肯定不是红帽子，所以浩明根据这两项推理得出结论，自己戴的是黑帽子！

我们再来看一则案例：

李队长和小王在出警完毕后去街边吃馄饨，突然听到人群中有人大叫："快看，那里有个女人躺在地上！"两个人放下碗筷，跑到人群中，只见一个女人躺在地上，左胳膊还一直在流血。

女人看到警察过来，虚弱地说道："警察同志快救救我。刚才我骑车路过这条路时，有个男的突然袭击了我，把我刺伤，并且抢走了我的背包和自行车，朝那个方向去了。"

李队长和小王赶紧打了120。待急救中心的人来后，他们两个沿着女人说的方向开始追踪。

走到不远处就遇到一个岔路口，两条路都是上坡，路面上都是泥土，上面都印有自行车的车痕。这时候小王犯了难，他问李队长："这到底该顺着哪条道路追踪呢？"

李队长认真、仔细地分辨着两条路上的轮胎痕迹，他发现左边的前后轮胎痕迹深浅几乎相同，而右边的前轮痕迹明显比后轮浅。小王辨别不出来哪条路是凶手走过的，这时候李队长却哈哈一笑，说："凶手跑不掉的，他是从左边这条路逃跑的，快追！"

于是李队长通知队里，让大批警察顺着左边的道路去追，果然很快就抓住了凶手。

这个案例中的李队长，是怎样推理出来凶手走的哪条道路的呢？其实他正是运用了逻辑推理中的选言推理。抢劫犯一定是从这两条路中的一条逃跑的，但是到底是哪条路呢？李队长非常聪明，他一眼看出了左边的轮胎印深浅几乎相同。因为抢劫犯一定疯狂地逃跑，那他遇到上坡时，一定是用力地蹬自行车。平时我们骑自行车上坡时，应该是前轮的痕迹轻，后轮的重。但是抢劫犯不同，在他用力蹬自行车时，前轮与后轮的痕迹深浅应该是一致的。通过这些，李队长利用选言推理得出抢劫犯是从左边逃走的。

通过以上案例，可见选言推理在案件审查、生活及工作中都至关重要。因此掌握选言推理，可以让我们在生活中更具有智慧，更好地解决实际问题。

日常应用

当面对多个可能的选择时，我们通过分析每个选择的条件和结果，可以推导出最符合逻辑和实际情况的结论。

1. 智能问答系统的应用

在智能问答系统中，选言推理被广泛应用于回答用户提出的问题。系统会根据用户的问题，从多个可能的答案中推理出一个最合适的答案。例如，智能问答系统会识别问题的类型和关键信息。当用户提出问题时，它会根据已有的知识库和算法，对已知条件进行推理，通过对已有问题的选言支之间的逻辑关系进行推演，这些用于推演的选言支的信息都从信息库中提取，然后通过对答案相关性的捕捉和精准度的匹配，判断其准确性与合理性，最后根据选言推理的模式，得出最合适的结论。

2. 在决策支持方面的应用

在商业活动和决策以及个体生活决策中，选言推理发挥着重要的作用。例如，在决策过程中，决策者首先需要明确问题的多种可能性。在制定企业发展战略时，决策者可以根据选言推理的方法，先对市场环境、竞争对手等信息进行收集和分析，通过选言推理，判断、分析并排除不可能性，缩小选择范围，从而做出更明智的选择。

3. 社交互动方面的应用

在社交场合，选言推理可以帮助我们更好地理解他人的言外之意。通过选言推理，我们知道如何与他人沟通和相处，并且做出最合适的回应，从而建立最有效的社交关系。例如，我们运用选言推理可以更准确地理解他人的意图和情绪，从而避免不必要的误解和冲突。并且可以提高沟通效率，使社交互动更加顺畅。并且通过选言推理，可以提高自己的社交技能，有助于我们在社交场合中表现得更加从容。

第五章 让论证更有力的逻辑推理

演绎推理：参议员先生也是鹅

☺ 幽默故事

有一位美国参议员对美国的逻辑学家迈克说："所有的共产党人都攻击我，你攻击我，所以，你是共产党人。"

迈克丝毫不客气地反驳道："这个推理真的是匪夷所思，从逻辑上来看，它同我接下来要说的推理是一回事：所有的鹅都吃白菜，参议员先生也吃白菜，所以参议员先生也是鹅。"

参议员听后满头"黑线"，脸也气得通红。

🎤 趣味点评

从逻辑学来看，故事中的迈克反驳美国参议员的方法正是演绎推理法。参议员先是用一组荒谬不成立的逻辑辩论，也是一个不周密的、错误的演绎推理形式，指出"所有的共产党人都攻击我"，然后由迈克攻击他，推理出结论"迈克是共产党人"。迈克利用参议员的错误演绎推理方式，顺着推理出"所有的鹅都吃白菜"，而参议员先生吃白菜，故"参议员先生是鹅"。

⚙ 逻辑学解读

演绎推理是由一般到特殊的推理方法。并且其结论所断定的范围不超出前提断定的范围。所以演绎推理又可以定义为结论在普遍性上不大于前提的推理。演绎推理最常见的方式就是三段式推理。通过提出反映一般性规律的大前提，再提出反映具体特殊情况的小前提，最后用逻辑推理的方式推导出结论。

如果演绎推理的前提不真实，演绎推理的结果就不真实。如果演绎推理形式不正确，演绎推理的结论就不一定成立。就像故事中的美国参议员，在他的推理中演绎思维的构成部分就是一个大前提，即"所有共产党人都攻击我"；一个小前提是"你攻击我"，据此推理出"迈克是共产党人"，可见这个推理形式就是不正确的。即便迈克可能并非共产党员，但如果仅因两者具备某些相似的行为，就将两种强硬关联并构建起演绎逻辑，这属于错误的演绎推理。我们要留意这种逻辑错误，以免闹笑话。

如果演绎推理中能够同时满足"前提真实"与"形式正确"两个条件，演绎推理就必然能推导出正确的结论。

我们来看一则故事：

春节前一天的晚上，有人跑到公安局报案，说："村子里一台重达三百多斤的发电机被盗了。"

警察局局长林恩迅速带人去了案发现场。对现场进行了仔细勘查后，林恩便确定了盗窃嫌疑人的特征。经过排查，确定了张心强和张爱远两兄弟的嫌疑最大。但是，经过验证，雪地上的脚印并非张心强的，而是张爱远的。可林恩坚持认为案犯一定是他们兄弟俩。他说："第一，会在下雪天来盗窃这么大个物件，可见他们不是惯犯，是初犯。因为惯犯不会选择下雪天来偷东西，更不会留下脚印。初犯不懂这个，才会选择这个天气下手作案。第二，春节前一天偷东西，说明家里一定很穷，一定是遇到难事没钱了，家里很可能还有病人。第三，发电机重三百多斤，既然嫌疑犯一定是个穷小子，可能都吃不饱饭，怎么有力气搬动一个三百多斤的重物，如果没人帮忙，他是怎么运走的？"

这则案例，就是一个典型的演绎推理的案例。林恩局长仅仅通过对现场的勘查，就确定了嫌疑人的特征。他是猜测时运用了演绎推理。第一，他通过嫌疑人在下雪天行窃，根据条件"凡惯犯都不会在雪天行窃"，推理出结论嫌疑人不是惯犯。第二，他根据推理假设条件"如果嫌疑人家里有钱，不缺钱，就不会在过年时偷东西"，根据小条件"嫌疑犯在过年时偷东西"，推理出结论"他们家很贫穷"。第三，发电机重三百多斤，林恩局长推论出如果嫌疑人没有帮手他一个人肯定搬不起来发电机，所以作案的应该是两兄弟。

林恩局长可谓心思缜密。他这三个推理中，第一个逻辑推理就是由一般到特殊的推理，所以第一个推理就是演绎推理。后两个推理是充分条件假言推理。通过林恩局长的推理，我们看到了推理办案的严谨性，但是，这三个推理即使好似"完美"与"无懈可击"，所有的大前提里也都还存在"意外性"，也就是说有存在例外的可能性。通过演绎推理的概念，如果大前提不一定为真，其结论也不一定为真。例如，案件中雪地上只有一个人的脚印，后来经过审讯张爱远，才知道原来他天生神力，三百多斤的发电机确实是他一个人弄走的。

这就意味着，所有的推理猜测都只是具有一定概率的准确性，而猜测，也就代表着存在一定的意外。所以，审案不仅仅要严谨细致，更要知道，猜测中不能将偶然当成必然，要谨慎再谨慎。

我们再来看一则有趣的演绎推理的故事：

埃克曼是一名阿拉伯旅行家。他在来到沙漠时，不小心与同伴走散了。他找了整整一天都没有找到同伴，很是焦急。找到傍晚时分，他在一棵棕榈树下遇到了一位老者。他连忙跑过去问："您见到一位阿拉伯人从此经过吗？他是我的同伴，我与他走失了。"

老者冷静地问道："您的同伴是不是一个很胖的人，而且他还跛脚？是不是他骑着骆驼，并且骆驼还瞎了一只眼睛，骆驼还载着一袋大枣，对吗？"

埃克曼激动极了，他连连点头说道："是的！是的！您说得对极了，那个就是我的同伴和他的骆驼。请问您是什么时候看见他的？他朝着哪里去了呢？"

谁知，老者摇摇头说："不是的，我没有见过他。"

埃克曼非常惊讶，还有些生气，他问道："您刚才不是描述了我的同伴和骆驼的特征了吗，那么准确，怎么可能没见过呢？"

老者淡定地说："我确实没见过，这是实话。"接着他又说道："不过，我可以明确一点，他曾经在这棵棕榈树下休息了很久，然后朝着北边儿去了，而且离开的时间不超过四个小时。"

埃克曼疑惑地问："您说您没见过我的同伴，那您又是怎样知道这一切的呢？"

老者笑着指着地面说："年轻人，您看，这里有一大串脚印，此人的左脚印又大又深，而右脚印却很浅。说明此人两腿受力不均匀，证明他是一个跛脚的人。再看他的脚印比我的还深，我本身就是个胖子，证明他比我更胖，才可能留下这么深的脚印。您再看，那头骆驼只吃右边的草，这说明骆驼的眼睛有问题，它只能看见右边，所以它是瞎了左眼的骆驼。最后，您看，这里有一堆蚂蚁聚集在一起，在吃地上的枣子，说明骆驼背上驮着大枣。"

埃克曼对老者佩服至极，他忙问："那您又是怎么确定他往北走，和离开不超过四个小时呢？"

老者解释道："是这棵棕榈树给我的答案。您看这棕榈树的影子，这么炎热的天气，您的同伴肯定会坐下来在阴凉的树下休息。这里有他坐过的痕迹。根据他留下的痕迹，自然就是之前树荫所在的位置，而树荫随着太阳的位置变化而移动，由此可推算出他坐的树荫的地方，移动到咱们所站的地方，大概需要四个小时，而朝北，是顺着他脚印的方向推理出来的。"

埃克曼告别了老人，朝着北方追去，果真很快找到了他的同伴。

这个故事非常精彩，向我们展示了演绎推理的魅力。老者最神奇的地方，就是在没见过埃克曼同伴的情况下，却对他的情况了如指掌，推理得非常精准。老者通过脚印的深浅，推理出埃克曼同伴是跛脚，还是一个大胖子；通过骆驼只吃右边的草，而正常骆驼都会两边吃草，推理出骆驼只有右眼能看见。以上两个演绎推理都属于倒推原因，这种推理常在审案中应用。最后，老者还根据棕榈树树荫移动的位置，推理出了埃克曼同伴离开的时间，而最终埃克曼顺着老者的线索，成功找到了同伴。

由此可见，正确的演绎推理可以帮助我们解决很多问题，但是切莫像故事中的美国参议员那样曲解出错误的演绎推理。

日常应用

演绎推理在日常生活中有着广泛的应用，涉及很多方面，我们来详细看一下。

1. 决策方面的应用

在面临选择和决策时，我们可以利用演绎推理来分析各种可能性和结果，通过明确目标和前提条件，利用逻辑推理，得出不同决策可能带来的不同结果，从而选择最优方案。

2. 法律判断方面的应用

在查案和审案中，演绎推理被广泛应用于案件的推理和判断。法官、律师以及警察经常通过演绎推理，用已知的法律原则和事实，通过推理和猜测来推导出案件的判决结果或辩护策略以及辨认真凶。

3. 科学研究方面的应用

科学家在研究的过程中经常使用演绎推理来验证假设和推导新的理论。他们根据已有的知识和理论，提出假设，并通过实验和观察来验证假设的有效性。

第六章

全方位缜密思维的逻辑技巧

全方位缜密思维是一种重要的逻辑思考方式。它强调在进行决策和解决问题的过程中,要全面、系统地考虑各种可能性和因素。全方位缜密思维注重从多个角度、多个层面去思考问题。本章介绍了训练逻辑思维的几种有效方法,并配合案例,进行了详细的讲解。

联想法则：明天交好运

😊 幽默故事

期末考试的早上，同班的三个好朋友碰到了一起。

小红："今天考试我一定能考好，因为昨晚我看了一部电视剧《明天交好运》。"

小芳："我也一定能考好，因为今天早上我喝了能让人头脑聪明的脑白金。"

小鹏听后快要哭了，他焦急地说道："那我怎么办，惨了，我一定考不好，因为今早我吃了一大把'傻瓜瓜子'，这下可完蛋了！"

🎤 趣味点评

这则校园幽默故事充满了童趣。故事中的三个孩子应用的就是逻辑学中的联想法则。小红和小芳通过与好的信息相连，从而相信自己一定能考个好成绩。而让人们忍俊不禁的是，小鹏吃了"傻瓜瓜子"，他联想到自己头脑一定变傻了，会考不出好成绩。

逻辑学解读

在现实生活里，人们意识中想到一些人或者物，有时会彼此产生奇妙的关联。而在宇宙里，所有的生命又都是息息相关的，没有任何一种生命可以脱离其他的生命而单独存在，也没有任何事物是不与其他事物产生联系的。正是因为这种联系，人类有了联想思维，这种思维让我们的意识更加活跃。

就像故事中的小红，天真地觉得因为昨晚看了电视剧《明天交好运》，就联想到今天她一定会考好。这是用联想法则建立起来的事物与事物之间的一种"虚线联系"，这种千丝万缕的联系形成一种思维，正是这种由此想到彼、由彼想到此的活跃思维，让我们的生活更加有趣。

联想法则，顾名思义，是一种利用逻辑技巧将不同领域的概念和思维方式联系起来，从而产生新的思维和见解的方法。它基于大脑的思维模式和联想机制，通过激发联想和创造力，帮助人们突破思维定式，发现新的解决方案。

让我们看一则关于联想法则的案例：

吉林大街工程团队面临一项复杂的建筑项目，工程设计师需要在保证结构安全的前提下，实现建筑外观的创新设计。传统设计方法根本无法满足这一需求，因此工程设计团队陷入了困境。

这时，新毕业的设计师提出利用逻辑技巧联想法则来解决问题。首先，他选择了"结构安全"与"创新联想设计"这两个关键词作为触发设计点。接着，他对建筑物外观进行了自由的联想，将这两个概念与各种领域的知识和经验联系在一起。他想到了生物学中的蜂巢结构、自然界中的雨滴形状、艺术领域的立体派绘画等，这些都成为他的设计灵感。最终，通过联想和比较，团队发现蜂巢结构具有出色的稳定性和美学价值。于是，设计师设计了一种以自然界为灵感的新型建筑外观，这组新型的建筑物既美观又充满创意，而且结构还安全，完全符合设计要求。

通过这则案例，我们看到了联想法则的魅力，设计师运用联想法则，成功地解决了复杂的工程问题，不仅提高了工作效率，还创作出一组非常出色的建筑方案。案例告诉我们，要勇于充分地利用想象力，尝试将不同的思维组合起来，将不同领域的知识和经验联系在一起，不拘泥于传统的思维方式，大胆地打破常规去解决问题。

我们再来看一则有深意的联想法则故事：

美琳已经28岁了，但还没找到一份自己喜欢的工作。她很沮丧，整日把自己关在房间里，以泪洗面。

父亲见此情景，将女儿叫出房间，带她来到了厨房。父亲在第一个锅里放上了坚硬的土豆，第二个锅里放上了一个鸡蛋，第三个锅里放上了咖啡豆。美琳十分困惑，她不解地问道："您这是要干什么呢？"

过了一会，父亲将三个锅同时端到美琳的面前，他笑着捞出土豆，然后将鸡蛋也捞出来，最后将咖啡豆倒在杯子里。父亲告诉美琳："你伸手摸摸土豆和鸡蛋。"

美琳很不耐烦。父亲耐心说道："这三样食物都经历了高温的烹饪。而原本坚硬的土豆变软了，原本有一层保护壳的鸡蛋变硬了，只有咖啡豆散发出香醇的味道，研磨一下就变成了美味的咖啡。"

美琳有些感兴趣了，她问道："爸爸，您到底想告诉我什么？"

父亲严肃地问道："女儿，你仅仅是没有找到合心的工作而已。那么你想成为这三种食物中的哪一个？当身处逆境时，你应该如何面对？是一蹶不振，让自己成为软弱的土豆，还是拒绝他人成为坚硬的鸡蛋？还是融入一切，成为美味的咖啡？"

美琳落下泪来，她一下子懂得了父亲的良苦用心。

这则故事里，父亲非常有智慧，他正是通过联想的方法，引导自己的女儿"重获新生"。父亲通过用"土豆""鸡蛋""咖啡"进行比喻，充分演示了联想的形象性。通过联想表现出来的具体化、形象化思维，讲述了一则深刻的人生道理，生动地教育了女儿。

因此，在生活中我们要善于利用联想法则，并对自己的联想能力进行有目的的锻炼，这样可以增强大脑的活跃性。我们也可以像开篇故事中的三个孩子一样，多一些"联想的童趣"，让我们的生活更丰富多彩。

日常应用

生活中，逻辑无处不在，它如同一把锋利的智慧之剑，帮助我们理解世界，解决问题。而逻辑技巧中的联想法则，就是这把智慧之剑的重要组成部分。它是一种有效的思维工具，可以帮助我们更好地进行推理、分析、判断和归纳。

1. 日常生活中的逻辑问题与联想法则应用

我们在逛超市时，面对整个货物架子上的各种商品，经常不知道如何快速选择最适合自己的商品。这时候联想法则可以帮助我们。例如，我们可以列出一个购物清单，列出自己需要购买的商品类型，然后利用联想法则,将每种商品与我们日常生活中对应的需求相互联结起来。比如,看到一瓶牛奶,就想到可以作为早餐补充营养,因此就可以决定要买它了。

2. 逻辑技巧联想法则的应用前景

如果能够熟练地掌握联想法则,对我们的日常生活与工作都具有重大的意义。它不仅能够提高我们解决问题的能力,还能够增强创新的能力。例如,在教育领域,联想法则被广泛应用于教学中,可以帮助学生更好地提高认知,提高学习效率。不少幼儿园更是利用联想法则创编一些儿歌,教会孩子们字母和古诗。

3. 逻辑技巧联想法则与创新能力

以设计新产品为例,设计师经常需要运用联想法则,将用户需求、技术可行性、市场需求等信息联系起来,进行推理和判断,从而设计出符合用户需求的创新型产品。例如,单卖茶叶难以热销,商家联想到一个月有三十天,制作了三十种不同的茶叶球,进行精美包装后放入一个礼品罐子里,从而热销。

内省思维法则：看来，我不应该买车

😊 幽默故事

小凯是一个非常喜欢逻辑推理的人。

一天，他决定买车。于是，他开始分析："我应该买一辆红色的车吗？"

他想了一会，回答："不行，红色的车容易吸引注意，可能会增加事故风险。"

然后，他又问自己："那我买一辆黑色的车吧？"

他想了一下，又摇摇头："不行，黑色的车在晚上看不清，同样可能增加事故风险。"

接着，他又考虑了白色、蓝色等各种颜色的汽车，但都被他以各种理由否定了。

最后，他得出结论："看来，我不应该买车。"

🎙 趣味点评

这个故事虽然有些夸张，但是小凯的思维过程，很好地展示了内省思维的实际应用。小凯通过不断的反思和自我质疑，最终居然推理出了一个"不该买车"的结论。

⚙ 逻辑学解读

内省，也称为自我观察法，是心理学的一种基本研究方法。它涉及观察自己内心的主观现象和经验，以及这些现象和经验的变化。而逻辑学中的内省思维法则，就是通过对自我行为或意识的反思，进行查漏补缺，从而完善自己的思维。这个过程，会让思维更加缜密。

内省思维法则，也是一种审视自己思维过程的方法，它在帮助我们检查自己的想法、判断和推理的过程中，觉察我们的思维和想法是否合理和准确。这种方法不仅仅可以提高我们的逻辑思维能力，更可以帮助我们在日常生活中避免陷入逻辑误区。

我们先来看一则小故事：

一只懒惰的兔子不听长辈的劝导，从不出去找吃的，只是趴在窝边啃食青草。没多久，它就将窝边草吃得干干净净。这时，它突然发现自己的洞口不再隐蔽，而洞口的不远处经常有大野狼来回走动。它悔不当初，原来长辈不让兔子啃食窝边草是这个原因。没有了窝边草的遮掩，兔子洞就这样明晃晃地暴露在野外。它忍受着饥饿也不敢出去觅食。

还好外面的野狼看这附近也没有兔子跑出来，以为只是一个废弃的兔子洞，就走掉了。兔子松了一口气，它吸取这次的经验教训后决定，以后无论多饿，都不会再吃窝边草。

故事中的兔子就是通过内省，深刻意识到自己的懒惰差点儿害了自己的性命。内省的过程就是一个完善思维和认知的过程。

其实，兔子不仅仅是因为懒惰，还因为它的认知不够，所以才会做出愚蠢的行为。但正是因为兔子有了内省这种思维技巧和方式，通过观察自己的行为和思维，对自己的行为和习惯以及思维模式进行分析，及时弥补了错误，才躲过灾难。

我们再来看一则故事：

日本松下电器的创始人松下幸之助先生，是一位非常善于内省的人。有一次，松下公司的一名员工犯了一个致命错误，导致公司赔偿了巨额钱款。松下幸之助在得知这件事情后非常愤怒，严厉地批评了那名员工。但他很快冷静下来，他开始认真反省自己。他意识到，虽然错误是那名员工犯下的，但合约是自己亲自签署的。这位员工如果因为失误而犯错，那么自己就是那个同意执行错误决定的人。

经过内省后，他认真地去跟犯错的员工道歉。他的举动赢得了员工们的尊重和钦佩。由于内省思维，松下幸之助及时发现了自己处理事情时的不足，并且对此深加重视和改进，使得他在事业上取得了巨大的成功。

这则故事告诉我们，懂得内省的人就像会反射的光线，可以清晰地照耀出我们真实、具体的样子。因此，越是反省自己，越能够找到深层次原因。正如松下幸之助，他并没有因为员工的失误就仅仅批评员工，而是进一步深刻反思自己的行为，并且对自己的言行做出了改变。

我们在日常生活中要善于内省，但是也要注意一定不要像故事中的小凯那样过度谨慎，过度与畸形的内省就是一种"胡思乱想"。而正确的内省是一种积极的思维方式。

积极的思维方式决定了一个人正向的结局。生活中，犯错是在所难免的，珍贵的是通过对自我意识、思维和行为的内省，可以避免再次发生同类的错误。通过内省，不仅及时纠正了错误，还迭代升级了自己的认知，这才是一种生命中深刻的成长与成熟。

总的来说，内省被视为一种自我疗愈和自我成长的方法。这种逻辑技巧可以帮助我们更好地认识自己与提升自己，并且有助于更好地解决实际问题。

日常应用

在复杂多变的现代生活中，内省这种逻辑方法，能够帮助我们更好地管理自己的情绪和行为，更高效地解决问题，并且带给人们内向性的巨大的成长。

1. 在面临挑战和困境时

在应用内省思维进行内省的过程中，我们也许会遇到一些挑战或者困境。例如，面对自己的不足和错误，可能会让我们感觉痛苦或者不安；在深入反思时，可能会遇到思维障碍或者情感上的抵触。但是，正是因为有了这些挑战和困境的存在，我们才能不断地去积极面对，让自己成为更好的自己。只有不断勇敢、真实地内省，才能不断地成长和进步。

2. 在创新与发展方面的应用

随着时代的进步和个人成长的需求，内省思维也在不断地创新和发展。在现代生活中，我们可以结合心理学、宗教学、认知科学等领域的知识来丰富和发展内省思维。例如，华为公司内部工作压力很大，高管为员工准备了冥想室，员工可以在休息时进行正念冥想，提高自我觉察内省的能力；或者通过参与团队讨论来拓宽内省的视角。这些创新和发展的形式都使内省思维更加适应现代人的生活和需求。

3. 对内省的改进方向

即使内省对个人成长和问题解决方面具有显著的优势，但是内省思维也存在不足或导致一些像篇头故事中小凯一样的"谬误结论"。为了更加有效地推动内部自我审查的正确性，我们需要不断地进行内省的改进。例如，我们可以定期回顾自己的内省过程，总结经验教训，并且和一些长辈沟通，其中得到的反馈有利于拓展自己的事业。

质疑法则：哭笑不得的服务员

☺ **幽默故事**

有一天，一名逻辑学家请朋友去西餐厅吃饭。在点菜的时候，他认真地问服务员："这道菜真的是用牛肉做的吗？"

服务员回答："是的，我们用的都是新鲜的牛肉。"

逻辑学家又问："你确定这牛肉是新鲜的吗？"

服务员回答："当然，我们都是从新鲜的牛肉供应商那里进货的。"

逻辑学家接着问："你确定这牛肉供应商提供的都是新鲜的牛肉？"

服务员被问得有些恼火，他说："您到底想说什么？我们餐厅的牛肉都是新鲜的！"

逻辑学家笑了，他说："我只是在运用质疑法，看一看能不能找到一些不确定的证据。你看，我现在已经找到了，其实你并不能确定牛肉是新鲜的，不是吗？"

服务员听了哭笑不得，他无奈地说："好吧，先生，但是您能不能告诉我，您到底想吃什么菜呢？"

🎙 趣味点评

这个故事向我们展示了逻辑学中质疑法的一种极端应用。故事中的逻辑学家对"牛肉新鲜与否"反复质疑，但他没有从中找到真正的真相。然而，在这个故事中，这种极端的应用属于一种无意义的逻辑思辨状态。这也提醒我们，在运用逻辑学质疑法时要适度，不能过于极端。

⚙ 逻辑学解读

逻辑学教会我们更加理性和结构化地思考问题，从而帮助我们理解世界，发现真理。而质疑法，就是逻辑学中一个锐利的思维工具，通过不断的质疑和反思，我们可以深入问题的核心，发现隐藏的真相。

质疑法，简单来说，就是对已有的观点、理论或者事实提出疑问，并通过逻辑分析来探索其真实性和合理性。在逻辑学中，质疑法不仅是一种方法，更是一种精神。它鼓励我们，要敢于质疑一些"看似不变的事情"与"绝对正确的事物"。敢于打破思维定式，去挑战权威，从多角度、多层次去思考问题。

当然，我们鼓励质疑，并不是鼓励像故事中的逻辑学家那样的"无意义质疑"，所有质疑的声音都应该从理性与智慧中发声，而不是无聊的"打击"与"谬误"。

科学界更需要质疑的声音。只有不断地对"定论"产生怀疑和创新，科学才能够更好地前进。正所谓"科学也是伪科学"，这句话就是对"质疑法"的最高级诠释。

例如：在哥白尼的那个时代，地心说就是那个年代的权威，并且被广泛地接受。但是，哥白尼通过质疑法则，对地心说作出了深刻的质疑，并通过大量的观察和计算，提出了日心说。而这一理论最初也受到了广泛的质疑和反对，但是随着时间的推移，越来越多的证据支持了日心说，最终地心说被成功推翻。

这个例子说明了质疑法的重要性，同时也告诉我们，每一个科学的进步都离不开创新和不断地质疑。敢于质疑就是敢于不断地向所谓"真理"挑战，当所有人都认为它是对的时，如果有人敢于站出来质疑这种"对"的错误，并且成功推翻其理论的根基，建立新的"真理"与理论，那么这个人就是正在创造新的科学，这就是质疑的价值。

我们来看一则著名的小故事：

课堂上，哲学家苏格拉底拿出来一个橙子，站在讲台上说："请大家闻一闻空气中有什么味道。"好多学生开始举手，苏格拉底让一位举手的学生回答。他说："老师，我闻到了，空气中是橙子的香味。"苏格拉底缓缓地走下讲台。他举着橙子从每个学生面前走过，并再次问道："请大家再认真地闻一闻，空气中有没有橙子的味道？"这时，已有超过半数的学生举起了手，并喊道："有橙子的香味！"

苏格拉底回到讲台上，又重复了刚才的问题。这一次，除了一名学生没有举手，其他学生都举起了手。苏格拉底走到那名没有举手的学生面前问："难道只有你什么味道都没有闻到吗？"

那个学生很严肃地回答："老师，我确定我什么味道都没有闻到。"

这时，苏格拉底向所有学生宣布："只有这个学生是正确的！因为这是假橙子！"这个学生，就是后来大名鼎鼎的哲学家柏拉图。

故事中的柏拉图和所有学生都不一样，他并没有在"集体确认"下改变自己真实的想法，就是因为他有严谨的质疑精神。他并没有因为所有人都说闻到了橙子的香味，而随波逐流地认为"空气中确实有橙子的香味"，而是坚定地坚持自己所感知到的现实。这说明，质疑是一种精神，也是一种优秀的人格特点。正是因为在逻辑思维中有质疑法则的存在，才让我们的科学世界中不都是"一个人"的声音。在我们普遍接受大众观点的时候，终究有一些人因为质疑法则形成了自己的观点，而这种自我探索和坚韧的认知，也是一笔宝贵的财富。再来看一则故事：

聂利是一名12岁的学生，但是他并不普通，因为他发现了蜜蜂并不是靠翅膀振动发声。一直以来，"蜜蜂发声都是靠翅膀振动"这个"真理"被写入我国小学教材的生物学常识中。这项被纳入中国教材中"牢固准确"的"常识"，却被这名12岁的学生给推翻了。

聂利通过不断的实验证实了蜜蜂并不是靠翅膀振动发声。为此他撰写了论文《蜜蜂并不是靠翅膀振动发声》，并且荣获了"全国青少年科技技术创新大赛银奖"和"高士其科普专项奖"。

这项科学发现，出自一名年仅12岁的小学生之手，确实难能可贵。无数的科研工作者和生物学家，都没有发现这项生物奥秘。多少成年人从来不敢质疑，也从未质疑过书本上的"定论"可能是错误的，但是聂利就拥有这种质疑的科学精神。

其实，聂利的发现过程并不是那么复杂和曲折，他只是偶然发现没有翅膀的蜜蜂依然"嗡嗡嗡"地叫个不停。他并没有被书本上的定论"定住"，而是产生了强烈的质疑。他拿起放大镜对蜜蜂观察了一周之久，终于确定了蜜蜂并不是靠翅膀发声。

这个故事告诉我们，科学发现并不是多么困难的事，而在于你是否具有敢于挑战权威的精神。如果聂利不敢挑战书本中的"定论"，那么就不会有这项创新的发现。所以，比这项发现更珍贵的，是聂利所表现的质疑精神。

综上所述，质疑法则是逻辑学中很重要的方法，它鼓励我们不断地对已有的观点、理论或事实提出疑问，并通过逻辑分析来探索真正的真理和实相。正如故事中的柏拉图，即使面对所有的"异口同声"，也请不要放弃生命中重要的"质疑声音"，勇敢地去寻找自己的观点和真理。

日常应用

质疑法则在日常生活中的应用广泛而重要，它涉及对某个观点、假设或陈述的真实性、合理性、可靠性进行质疑和评估。我们来看一下：

1. 广告和营销方面的应用

广告商会利用质疑法来吸引消费者的注意力。他们经常会质疑传统产品的观念以及性能，然后通过设计、推出新的产品，来吸引消费者购买。例如，一个健康绿色速食食品的广告，会质疑传统快餐的高热量和不良影响，然后商家通过推出自己低热量、高营养的食品，来俘获消费者。

2. 新闻报道方面的应用

新闻行业也经常运用质疑法来制造新闻热点，通过质疑一些现象来揭露事实真相。记者可能会质疑政府、企业或者个人提供的声明和解释，通过深入的调查、采访和取证，来揭示一些深藏起来的真相。例如，一个记者可能会质疑一件社会影响广大的案件处理结果或社会舆论观点，深挖某些被压下去的大事件背后的真相。

3. 个人决策方面的应用

在我们做一些重大决策的过程中，可以利用逻辑技巧质疑法来做出更明智的决策。例如，在想要购买房产时，可以对售楼处人员的"花言巧语"进行质疑，找出真实的陈述，并且对各个房产的户型、价格、可靠性进行对比，做出最优的决策。

积累经验法则：骂人的本领

☺ 幽默故事

犹太作家肖洛姆·阿莱汉姆有一个凄惨的童年。那时他的继母总是咒骂和虐待他。

阿莱汉姆成年后写了很多优秀的作品，里面的咒骂和尖刻的话让人们觉得异常精彩。

有一位记者采访阿莱汉姆："您的作品里那些咒骂的语言来自哪里？怎么这么精辟？"

阿莱汉姆笑着说："来自我编写的'继母词汇大典'，都是我从中借来的。"

后来阿莱汉姆在采访中讲述了自己童年的故事，原来他每天是流着眼泪将那些咒骂和虐待偷偷地记录下来，积累至今，居然让他成了有名的作家。

🎤 趣味点评

故事中的阿莱汉姆有着不幸的童年。但是他坚持对自己不幸的童年所遭受的咒骂和欺辱进行了一笔笔的记录，没想到后来居然做成了"继母词汇大典"。正是这些记录为他的写作提供了很好的素材，让他形成了尖刻和犀利的文风，备受读者欢迎。他的坚持记录，就是"积累经验法"的应用。

⚙️ 逻辑学解读

积累经验法则，简单来说，就是无论我们做任何事情，都积极地关注做事情的经验，并且对其进行积累。通过积累经验，拓宽自己的视野和改变自己的认知，用这些积累下来的经验，来进行更加睿智的逻辑思维及推理。

积累经验是一个持续不断的过程，涉及学习、实践、反思、再实践等多个环节。

故事中的阿莱汉姆是优秀和坚强的，他并没有被生活的苦难打倒，而是通过记录"被咒骂的语句"来化解心中的伤痛。并且在这个过程中，他学会了总结经验教训，还将继母的语言总结出了一本书，在"悲伤地记录"与认真的积累中，深挖出了咒骂中犀利语言的精髓，成功地将不好的咒骂转化成犀利深刻的文学风采。

下面让我们看一则案例：

有一个顾客是水下工作者。他非常想要一款可以在水下工作的手机。于是他找到张工程师，请他帮忙设计一款"水下手机"。张工程师听后微微一笑，他信心十足地说："没问题，这没什么难的。"

张工程师先是认真地分析了手机的基本构成和功能，然后结合水下的特殊环境，开始设计。两周之后，他拿出了一个"完美"的设计方案：手机外部采用防水材质，内部加入防水电路板，还配备了特制的防水屏幕，一切看似天衣无缝。

然而，当张工程师将这个设计方案拿给客户看的时候，客户却笑了。他问道："张老师，您是不是忘记电话是干什么的了？这个设计是不是遗漏了最重要的一点？它在水下怎么接电话？"

张工程师一拍脑门，说道："哎呀，就想着怎么防水了，忘记电话的使用功能了，你看我这闹笑话了！"

经过重新研究，张工程师这次利用逻辑技巧里的积累经验法则，很快扫除了手机水下运作盲区，不仅仅设计出了水下通话的手机，还开发了一些在水下使用的功能。

这个案例中"水下电话"的第一次设计是失败的。工程师因为只关注防水这个问题，而忽略了实际的使用功能。在运用逻辑技巧时，一定不要忘记积累经验，不妨多问一问自己："这个逻辑真的全面吗？有没有遗漏什么重要的细节？"张工程师正是吸取了这样的经验教训，第二次重新设计出了完美的"水下手机"。

我们的领袖毛泽东曾经多次强调总结经验的重要性，无论是打仗还是社会建设，经验都是我们生命中非常宝贵的财富。伟人如此重视经验，那经验都有哪些出彩之处呢，让我们再看一则著名的小故事：

古时候，康肃公正在练习射箭，这时候走过来一个挑着扁担的卖油

第六章　全方位缜密思维的逻辑技巧

翁。他走到射箭靶子的旁边，兴致盎然地观看康肃公射箭，时不时地点头和微笑。

康肃公结束射箭后，问卖油翁："您老人家是不是懂得射箭之术？"卖油翁说："我丝毫不懂，但是我能看出您射箭的手法不够娴熟。"

康肃公非常生气地说："你怎么敢轻视我的箭术，就好像你有什么娴熟的本领一样。"

卖油翁哈哈大笑："老翁正是有些娴熟的本领，也如射箭一样精准。"

于是，卖油翁拿出一枚铜钱，将铜钱放在葫芦口上，找出油勺子，舀了一大勺子油，慢慢地注入葫芦口中，油从铜钱孔注入，但是钱币并没有沾上油。

卖油翁笑道："我没有什么本事，这只是因为我的经验丰富和手法熟练而已。"

小时候语文教材中就有《卖油翁》的故事，讲的道理就是"熟能生巧"。用逻辑学来解释这一深刻道理，指的就是卖油翁的行为经验的积累，使他具有高超的技巧。可见积累经验非常重要，只要拥有足够丰富的经验，也是可以创造奇迹的。

积累经验还能够帮助我们快速地调整自己的思维来适应新的环境。一个人如果有大量的经验，就可以快速地预料一些事情的发展，并且采取相应的行动。

例如，早春时节，市场里一夜之间来了很多小贩，他们贩卖新采摘的野菜，因为熟知现代人喜欢吃"绿色蔬菜"，这些野菜价格非常高，居然可以卖到9元一两。这些小贩知道开春后野菜就会开始生长，百姓都会抢着买早春的野菜尝鲜,这就是他们的"经商经验"。虽然他们将价格定得很高,但是生意依然很好。

总之,积累经验是逻辑学非常重要的一种技巧,积累经验也是我们人生中一种必需的"投资",它可以见证每一个人的成长,积累的丰富经验可以帮助我们成为更好的自己。

日常应用

积累经验法则告诉我们通过不断地积累知识和经验可以提升我们解决问题的能力,这种方法强调从过去的经验中吸取教训。当我们能够总结经验,并将其应用于新的情境中时,我们就能够更好地把握生活和工作。

1. 进行更好的反思与总结

自我反思和总结,是非常好的一种积累经验的方法。这个过程可以通过写日记、做笔记、参加团队讨论等方式实现。这些方法都可以帮助我们建立新的认知。我们通过这些方式,记录自己的学习、生活、工作中的各种感受和经验教训,并且对自己做过的事情进行复盘和分析,从而不断地完善自己。

2. 培养良好习惯与拓宽视野

想要积累经验,就需要养成对日常的生活、工作、学习进行复盘和总结的习惯,需要培养良好的学习习惯并不断拓宽自己的视野。这包括定期阅读、参加培训课程、与不同领域的人交流等。通过这些方式,我们才能够积累多维度的信息、知识与经验,丰富自己的见解,提高自己的综合素质。

3.持续地学习与提升

在知识爆炸的信息时代,通过持续学习来积累经验必不可少。积累经验法则,正是要求我们对不同渠道的知识进行反复认真地学习,来提高我们的综合能力,并且实现自我价值。

直接认知法则：聪明的小华

😊 幽默故事

小华和爸爸去逛街，看到了一个卖气球的摊位。爸爸问他："你知道气球为什么能飞吗？"

小华想了想，然后回答："因为气球里面装的是气体。"

爸爸点了点头。接着，他们又看到了一个卖冰激凌的摊位。爸爸又问："你知道冰激凌为什么是冷的吗？"

小华想了一下，答道："因为冰激凌里面装的是冰块。"

🎤 趣味点评

这则故事中，小华回答问题的方法就是逻辑学中的直接认知法。小华的认知非常直接和简单，他将气球和冰激凌的特性与它们所装的东西联系起来，通过直接的语言和行动表现出对某个事物的认知，小华的回答幼稚且错误，从而产生了幽默的效果。

逻辑学解读

在逻辑学中，直接认知法是一种独特的思维方法。它强调直接把握事物的本质，而非通过间接的推理或归纳。直接认知法，又称为直观认知法，是指人们在思考过程中，通过直接的、即时的、非中介的方式，对事物的本质进行理性的认知。

故事中，爸爸带着小华逛街，在面对爸爸的提问时，小华用他的直接认知去解答爸爸的问题。孩子的天真将这种直接把握事物本质的逻辑性发挥到极致。在父亲问冰激凌的问题时，小华将他认为的事物本质，即"冰激凌原理与氢气球里面装东西原理同理"，答出冰激凌里装的是冰块。这种直接认知虽然是幼稚和错误的，但是也体现了直接认知法对于思维的重要性，并且，直接认知法可以面对面地了解事物，有效地提高思维能力。

在色彩科学中，直接认知法被广泛应用。例如，我们可以直接观察并感知到红色、黑色、蓝色等各种色彩。这种直接的感知方式，是我们创造彩色世界的基础。通过直接观察各种颜色的物体，感受它们的色彩差异，从而建立对色彩的基础认知。

在道德哲学中，直接认知法也非常重要。当我们面对各种不公平、不公正的行为时，我们会直接感知到反感或者不满这类情绪，这就是直接认知法在道德判断中的体现。我们通过感知和体验，形成对公正和道德的直接认知，通过这种认知，我们确立了属于自己的行为和判断。

下面我们来看一则关于直接认知法的著名故事：

古代著名医学家李时珍可谓家喻户晓。他为了研究药材，亲自品尝百草。通过对药材的直接品尝，他建立了对药材最直接的认知，了解了每一味药材的药性，直接感受到了药材的口感，深刻地感受到了服药后的身体反应。这让他熟悉了每一味药材，成功撰写了流传千古的《本草纲目》。

正是因为李时珍利用直接认知法去了解药材，才让他有了如此成就。

通过这个故事，我们看到，想要感知到事物最全面的信息，使用直接认知法是最直接有效的。李时珍正是运用直接认知法，牢牢地掌握了每一味药材的特性。如果不是这种直接的"尝药"行为，就不会得到这么准确的药物信息。可见直接认知法可以避免间接接触信息所产生的偏差，这使人们能够建立更全面的思维架构，产生更理性、准确、全面的认知。

我们再来看一个案例：

新华是A公司最近招聘的一名销售员。他看到老员工都非常认真地工作，而且有好多老员工已经在这家公司工作了十几年。他非常好奇，这家公司的工资水平并不高，是什么原因让这些老员工如此兢兢业业地工作，而且在这家公司一待就十几年呢？

等到年底的时候，新华发现自己居然还有8000元的年终奖。通过打听他才知道，原来员工只要在该公司上满十年班，就可以拿到25万元的年终奖！他非常震惊，终于明白为何老员工都兢兢业业地工作，而且愿意一直留在这家公司了。

直接认知法则可以让我们认识到事物的本质。正如这则案例，新华作为一名新员工，他进入公司亲身"体验"与"直接认知"，在与老员工的直接接触中，新华才一点点地了解了更加全面的公司信息，而且了解到了自己始料未及的信息。这都说明，直接认知法则能够让人直接抓住事物的本质，从而做出更合理的判断，并且，这些认知信息使人们的思维更加活跃。

总的来说，直接认知法则在逻辑学中发挥着重要的作用，但是它也存在一定的局限性。当面对某些高度抽象或复杂的问题时，直接认知法可能无法直接把握本质，就像故事中的小华，他就没有办法完全依靠简单的直接认知方法，给出爸爸所问的"正确答案"。这说明，人们在遇到复杂问题时，也要结合其他逻辑方法，如归纳、演绎、推理等逻辑方法，来辅助我们进行思考。

日常应用

在日常生活中，我们经常运用直接认知法则来解决问题。

1. 在日常生活中的直接应用

直接认知法则不依赖于逐步推理，而是直接从一个问题跳到答案，省去了中间的间接逻辑过程。例如，当你在超市选购商品时，你可能完全通过自己的直接"感觉"来选择自己心仪的商品。这种"感觉对"的品牌，并不是通过对比其他品牌的商品优缺点来做出决策，而是完全依靠自己的直接认知和判断。

2. 直接认知法则与其他思维应用的比较

直接认知法则与逻辑推理以及分析判断等思维方法都不相同。直接认知法则具有独特的优劣势。逻辑推理注重事实和证据的严谨性和严密性，分析判断强调客观性和准确性，而直接认知法则更注重快速和直观。在很多情况下，直接认知法则可以给出最快速的判断和认知，无须进行烦琐的逻辑推理，但是它也可能因为缺乏逻辑，而具有不确定性和错误性。

3. 直接认知法则在日常生活中的挑战与未来发展趋势

在日常生活中，想要运用直接认知法则可能会面对很多挑战与干扰。例如，我们想了解一件事情，可能会遇到信息过载或者情绪干扰等问题，这都会影响认知的准确性。此外，随着数字化和人工智能的发展，人们更加依赖数据和算法来做决策和分析，从而忽视了人类宝贵的直觉。但是随着神经科学与逻辑学直接认知法则的结合和发展，人类可能会更加深入地了解直觉产生的机制和重要作用。

排除法则：有趣的神鬼逻辑

😊 幽默故事

小李："我能证明，这个世界上不存在任何神仙鬼怪。"

小王："你怎么证明？"

小李："很简单，如果有神仙鬼怪，他们一定会觉得我们这些普通人类太烦了，然后把我们全部灭绝掉。但是事实上，我们都活得好好的，这就可以否定世界上真的存在神仙鬼怪。"

🎤 趣味点评

这个故事的逻辑错误在于，小李试图用"神仙鬼怪并没有灭绝人类"而否定"世间真有神仙鬼怪"这件事情。很显然，这种排除法的应用是错误的。因为即使真的存在"神仙鬼怪"，也不一定会因为他们嫌弃"人类烦"而灭绝人类。因此小李的逻辑推理并不成立。

逻辑学解读

排除法推理是一种常用的逻辑思考和推理方法，它基于逐步排除可能性来找到正确的答案或解释。在这种推理模式中，我们首先列出所有可能的选项，然后逐个排除那些不符合条件或证据的选项，最终确定剩下的选项是正确的。

我们先来看一个案例：

新一届的"金鹰奖"评选结束。甲导演拍摄的《黄河绝恋》获得最佳导演奖，乙导演拍摄的《孙子兵法阵》获得最佳布局奖，丙导演拍摄的《白狐传》荣获最佳创意奖。颁奖大会以后，甲导演说："真是非常有趣，我们三个人的姓分别是三部片名的第一个字，而且，我们每个人的姓同自己所拍片子片名的第一个字又不一样。"这时候，另一个姓孙的导演哈哈大笑说："真是这样的！"

根据上面所述题干，可推出三部片子的导演各姓什么？

A.甲导演姓孙，乙导演姓白，丙导演姓黄。

B.甲导演姓白，乙导演姓黄，丙导演姓孙。

C.甲导演姓孙，乙导演姓黄，丙导演姓白。

D.甲导演姓白，乙导演姓孙，丙导演姓黄。

E.甲导演姓黄，乙导演姓白，丙导演姓孙。

解题分析：

这道逻辑题的正确答案：B。正是采用了排除法得出的答案。首先，根据每个人的姓和所拍电影的第一个字不一样，推理出甲导演不能姓黄。所以，E第一个排除掉。同理，又根据"我们每个人的姓同自己所拍片子片名的第一个字又不一样"，将 D、C 排除掉。而甲导演说有趣时，来了一个孙导演，也就是说，甲导演不可能姓孙，也不能姓黄，所以甲导演姓白。这样 A 就被排除掉了，最后剩下 B 为正确答案。

这就是排除法的魅力，通过一层接着一层的逻辑推理去进行排除，可以将题干背后的"秘密信息"挖掘出来。在解决逻辑问题时，首先根据题干得到已知条件，然后在不同的选项中，找出与题干不同的条件将其排除，就能够得到最终想要的正确答案。

下边我们再来看一则关于排除法则的案例：

一个阳光明媚的上午，杰克开车带着儿子去野外露营。他们开车来到了一个有三条岔路的路口。杰克一下子不知道应该选择哪条路了。他下车认真地观察，发现左侧的路太窄了，不适合汽车过去；中间的路很宽，但是很少有汽车朝着那条路行驶；最右边的路看着曲折，但是有很多车辆行驶过的痕迹。杰克一下子心里了然，他开车向最右侧的路驶去。因为今天天气这么好，很多家庭都会带着孩子去野营，所以去往野营地点的路一定会有很多私家车经过。那条有很多汽车驶过痕迹的道路，一定是通往野营地点的道路。

这个案例中的杰克，就是运用排除法进行推理和思考，成功推断出了最右面的道路就是通往野营地点的道路。通过这个案例，我们看出，排除法就是一个选择的过程，而且在排除选项时，需要对自己所面临的选项进行认真的观察和分析。杰克正是对三条路的路况进行了详细的观察，在对选项进行客观、全面的了解后，才推理出了正确的答案。

与命题演算、推理等其他逻辑方法相比，排除法则更具有直观、易用的优势，这种方法不需要复杂的逻辑运算或者严格的推理规则，只需要对选项进行逐一排除即可得出结论。然而，排除法也有其局限性，比如在面对大量选项或缺乏明确标准时，排除法也难以奏效。所以，在实际的逻辑推理过程中，我们需要对具体问题具体分析，选择最适合解决问题的逻辑方法。

日常应用

在日常生活中，排除法被很多领域所应用，让我们来详细看一下：

1. 在教育领域的应用

在教育领域，排除法可以应用于课程设计、考试设计等方面。例如，在设计选择题时，可以通过排除法来筛选和优化选项，使题目更加精确、有效果。但是也要注意，不要过度简化而误导学生。

2. 对个人、团体决策过程的影响

如果我们在团体决策的过程中，能够巧妙地运用排除法排除一些不实际或者错误的选项，就可以缩小选择范围，使决策者能够更加精准地分析剩余的选项，从而提高决策过程中的准确度。

3. 医学诊断方面的应用

在医学诊断中，医生会根据患者的症状和病史，结合各种可能的病因进行推理，在这个过程中，通过逐个排除那些不符合症状或病史的疾病，从而得出正确的诊断。

第七章

积极避开逻辑性误区

　　逻辑性误区是指在思考和推理过程中容易犯的错误。这些错误可能导致结论的不合理或不准确。积极避开逻辑性误区,需要我们在思考和推理过程中保持警惕和批判性态度。通过不断的学习和实践,我们可以提高自己的逻辑思维能力,更准确地识别和避免我们生活中常犯的逻辑性误区。让我们走进本章节,去揭开常犯的一些逻辑性误区的面纱,破解他们的"错误密码"。

人多就力量大吗：兔子的爸爸是谁

😊 幽默故事

一只老虎正在追一只小奶兔。小奶兔终于停下来了，奶凶奶凶地对老虎说："你再追我，我就叫我爸爸、妈妈和叔叔们来教训你！"

老虎听了一头黑线，问道："你知不知道你的爸爸、妈妈、叔叔是什么？"

小奶兔骄傲地说："很大的兔子！"

老虎："……"

🎤 趣味点评

这则故事让人们捧腹大笑的同时，也让我们知道了"人多不一定力量大"的道理。小兔子天真可爱，它还不谙世事，只知道被欺负了要找自己家的"大兔子"来教训对方。哪里知道就算来了一百只兔子，老虎不仅不害怕，这"众多兔子"也只能是老虎的腹中餐。

⚙ 逻辑学解读

故事中的兔子和老虎的"小较量",让我们知道常人讲的"人多力量大"也不是绝对真理,因为所有真理也必须建立在一定的时间、地点等条件下才能成立。故事中的兔子,即使它们聚集了整个兔子家族,这份"人多"的力量,也敌不过一只凶狠的老虎。可见 1+1 的力量,有时候未必大于 2。

举一个很经典的例子,我们生活中常听到人们说"三个臭皮匠,赛过诸葛亮",然而,你是否真正深入思考过这句话是否"完全合理",也就是说,三个臭皮匠,真的比一个诸葛亮要强吗?这句话说的也是"人多力量大",但是我们通过逻辑分析,就会发现:臭皮匠的智商肯定敌不过诸葛亮。所以即使十个臭皮匠的智谋,也不一定比一个诸葛亮的智谋厉害,这就好比一群傻子,也比不了一个天才。显然"人多不一定力量大"。

我们再来看一则故事:

魏蜀吴三国鼎立的特殊时期,公元 208 年的冬天,发生了历史上有名的赤壁之战。曹操率领 20 多万兵马去攻打孙权,当时曹军虽然兵力众多,但是去攻打孙权的路途遥远,导致士兵们都很疲惫。于是孙权联合刘备,利用曹军长途奔波身心疲惫以及不熟悉水性的弱点,仅仅派出 5 万水军,用火攻的方式,就把曹操打了个落花流水。曹军以为自己人数众多,带着必胜的信心前往,结果大败而归。

这个故事就告诉我们,人多真的不一定力量大。在一个集体中,如果没有统一、正确的领导和组织,人再多最终也会因为一些错误而失去力量。正如历史故事中的曹操，由于他的轻敌和自负，导致他在赤壁之战中付出了惨重的代价。

法国著名心理学家林格尔曼曾经对"人多是否力量大"这个问题设计了一个关于"拔河"的实验。他希望通过实验，可以证明"人多有时候是力量小"的。

林格尔曼组织了一批年轻人，将他们分为一人组、两人组、三人组和八人组，通过对这些人在不同群体下拔河用力情况的测量，来论证"人多有时候力量小"这个结论。

实验记录两人组的拉力只是两个人拉力总和的95%，三人组的拉力只是三个人拉力总和的85%，而令人震惊的是，八人组的拉力只是八个人拉力总和的45%。他由这个实验结果得出一个结论：群体力量的总数低于单个力量叠加的总和。

林格尔曼由此得出结论，说："人多是否力量大，主要取决于人们的'责任分散'心理。"也就是说，当一个人单独面对一些事情时，他会全力以赴；而当团体人员一起完成或者面对一些事情时，此团队中的人员往往会有所保留或者"不再全力以赴"。这与现实中一些公司员工做事效率的规律相符合，公司中人多未必能够"办好事"，部门过大并不能提高工作效率，反而会造成机构冗余，人员闲置。在这种情况下，即使人员众多，也办不了什么实事，还不如有些机构人员虽少，但是个个精悍，能堪大用。

我国著名的《三个和尚没水喝》这个故事，讲述的正是林格尔曼所论证的"人多有时候是力量小"这个道理。

寺庙中有一个小和尚，他每天都勤劳地跑到山下去挑水，所以他一直有水喝，生活平静而自在。后来庙里又来了一个小和尚，两个和尚也会合作一起挑水，然后将水缸灌满。他俩都一直有水喝，生活幸福而快乐。但是，后来寺庙里又来了第三个和尚，因为这个和尚懒惰而自私，于是三人互相推诿，一个比一个懒，最终三个人都不去打水了。于是，寺庙的水缸里没有了水，连花草都枯萎了。

通过这个故事，可以明显看出，人多的时候远不如人少的时候，三个和尚，谁都不愿意主动去挑水，反而没水喝了。可见，人多并不代表力量大，我们不能用常态里的"绝对思维"来判断和认定所有的事情。在群体中，只有解决了成员的"自私"或者"懒惰"这类负面情绪问题，才能使得大家具有共同的向心力，那时候才是真正逻辑意义上的"人多力量大"。我们甚至可以想象，假设一个团体在团结、目标一致并且和谐合作的情况下，故事中的一百只兔子也许都能"逗一逗"老虎，而团结的三个"臭皮匠"才有可能顶上一个诸葛亮。

因此，从逻辑上讲，在打破人多聚集时群体的"个人自私性"与负面情感时，人多才有可能"力量大一些"。但是在真正遇到事情时，还应该站在事物本身这一方面进行思考，而并不是单纯地进行理论分析。真想要实现"人多力量大"，就需要像小时候的拔河比赛一样，随着口号，群体里的每个人都朝着一个方向"用力"，这样才会实现"众人拾柴火焰高"的目标。但是也要心中有数，有时候做事情，并不是依靠"人多的力量"，高质量的单数的作用，有时候要远远大于数量堆积所产生的作用。

当我们不再过多地相信"人多力量一定大"的时候，也许正是我们每个人都正确面对自己的责任与付出的时候，而且，只有大家都懂得严于律己的时候，才能够更深刻地理解在团队中要注重团结，自己要真正与成员做好协调，尽到自己的责任，这就是逻辑学带给我们的启示。

日常应用

"人多不一定力量大"这句话，在日常应用中有许多实际例子，这主要指的是即使有很多人参与，如果缺乏有效的组织和沟通、协作，整体的力量和效果可能就不会如预期那样强大。

1. 团队合作项目

在一个团队中，如果每个成员都有自己的想法和行动方式，且缺乏有效的沟通，那么整个团队的效率和成果可能会受到影响。即使团队人数众多，如果不能形成合力，其力量可能还不如一个虽小但协作默契的小团队。

2. 公共资源配置

在公共资源的分配和管理中，如果缺乏合理的规划和协调，即使有很多人参与，也可能导致资源的浪费或者低效应用。例如，如果一个社区的公共设施维护和管理不当，即使有大量的居民可以参与，也无法保持设施的良好状态。

3. 集体活动组织

在组织一些大型的集体活动时，如果缺乏有效地安排，参加人数越多，可能越会导致混乱和错误发生。例如，一个大型音乐会或者体育比赛，如果没有良好的组织规划和安排，可能会导致观众拥有糟糕的观看体验。

偷换概念：认识孙中山

😊 幽默故事

一位历史老师给学生们讲中国近代史。他在课堂上向学生提出一个问题："你是怎样认识孙中山的？"

这位学生回答说："老师，我根本不认识孙中山。"

全班学生听了这个回答哄堂大笑，老师也哭笑不得。

🎤 趣味点评

这个故事最巧妙的笑点就是学生的回答"偷换了概念"，从逻辑学的角度来看，"怎样认识孙中山"这一组词语在不同的语境中可以表达不同的概念。在老师的提问中，"认识"这一词包含的意思是"评价"或者"理解"的意思。老师想问学生的是，他们在学习了关于孙中山的历史后，对孙中山这个人物抱有怎么样的评价。而学生在回答"认识"这一词时，所指的是"见到"或者"熟悉与交往"。在同学和老师的哄堂大笑间，我们知道这位学生运用了"偷换概念"，就是不知道他是故意为之，还是真的犯了"迷糊"。

逻辑学解读

偷换概念是在思维和辩论过程中自觉或不自觉地违反同一律的逻辑要求，用一个概念去代换另一个不同概念而产生的逻辑错误。偷换概念也是一种常见的诡辩手法。主要有以下几种表现：

（1）任意改变一个概念的内涵和外延，使之变成另一个概念。

（2）利用多义词可以表达几个不同概念的特点，故意混淆不同的概念。

（3）抓住概念之间的某些相似之处，抹杀不同概念的本质区别。

（4）混淆集合概念与非集合概念。

根据以上偷换概念的定义，我们可以这样理解：人们对言语与思想和逻辑表达具有自由性，在辩论中有意或者无意地歪曲原意，并且按照自己的说话规则来表达"替换深意"。偷换概念，也就是指趁对方不注意，换掉了原来的概念，从而导致逻辑错误，借机"蒙混过关"或者给对方造成"干扰"与"打击"，从而影响对方关于某些事情的判断。就像故事中的学生，正是通过对"认识"这一词的"歪曲替换"，成功地转移与歪曲了老师的本意，试图蒙混过关地回答历史问题。

我们来看一些偷换概念的案例：

妈妈教训小贝："你整天不学无术，好吃懒做，以后还能有什么出息？"

小贝狡辩道："您怎么瞎说话？您不是经常告诉我，中国人民非常勤劳,我也是中国人民,我怎么可能会懒惰呢?"

这个案例中妈妈说的"中国人民非常勤劳"中的"中国人民",是一个集体概念,并不是确指"小贝"这个中国人,而是代表了全体中国人民的普遍属性与特征。而小贝说的"中国人民"是一个个人概念,即小贝也是中国人民中的一员。尽管两个"中国人民"看似一样,但是在不同的语境和语义中,这两个词语的概念并不统一。此时,小贝硬是把自己说成"勤劳的中国人民",就是一种故意为之的逻辑谬论。

再来看一个有意思的小故事:

公园里有一对恋人正在甜蜜地幽会。女孩撒娇说道:"亲爱的,我头疼。"

男孩吻了吻女孩的头,问:"还疼吗?"

女孩说:"不疼了。"

不一会,女孩又撒娇说道:"我脖子疼。"

于是,男孩又吻了女孩的脖子,问:"还疼吗?"女孩高兴地说:"太神奇啦,不疼了。"

旁边有一位老太太看见了,忍不住说:"小伙子,你真神啦,能治痔疮不?"

这是一则带有"恶搞"意味的小故事。故事的可笑之处,就是巧妙地"偷换概念",女孩子并不是真正生病了,她所有的"疼痛"都是一种撒娇,所以男孩子吻一下哪里,哪里就不疼了。然而老太太的痔疮是真病!老太太的病与女孩子的"病"完全不一样,这里偷换了概念,因此引人大笑。

第七章 积极避开逻辑性误区

以上我们讲述的是"恶意"偷换概念的例子。偷换概念本身就是违反逻辑基本准则的，有时候我们不单单要警惕他人对我们恶意的使用偷换概念的行为，在一些场合我们还要学会"智慧与善意"地运用偷换概念来化解尴尬或者摆脱困境。

周恩来总理曾经舌战外国记者，用的就是逻辑学中的"偷换概念技巧"：在一次对周总理的采访中，有一位外国记者问："中国有多少钱？"

周总理自豪地回答："十八元八毛八。"

外国记者一看没难住周总理，就继续提出问题："为什么中国人把人走的路说成马路？"

周总理义正词严地回答："中国人走的是马克思主义的道路，所以叫马路。"

在这段采访中，周总理的回答可谓相当有智慧。外国记者本来想嘲笑中国"穷"，但是周总理并没有接这个"梗"，而是把"中国有多少钱"的问题，偷换概念变成了"中国有多少面值的钱"的问题。虽然这看上去似乎答非所问，但是让人无法表示质疑。这对于外国记者不怀好意的提问，给出了巧妙的回击。

后来的第二个问题，我们更应该为周总理的回答喝彩！面对外国记者的嘲讽式提问，周总理还是利用偷换概念的方式，给出了一个漂亮的回答。这个回答既具有威严，又彰显了周总理的智慧和应变能力。

在开篇故事里"认识"孙中山这类问题中，在周总理随机应变的偷换概念中，我们熟悉了逻辑学"偷换概念"的两种寓意，一种是我们要有效避开偷换概念的逻辑陷阱，另一种是要高智慧地运用"善意的转换"，无论是哪种，都要读懂其中的真实寓意。

日常应用

偷换概念在逻辑学中是一种常见的诡辩手法，其在日常生活中有着广泛的应用，我们来看一下。

1. 广告营销上的应用

在广告中，商家可能会故意偷换概念，以吸引消费者的注意力。例如，商家会故意夸大商品的某些特点，或者将产品与某些热门话题或者流行文化强行联系在一起，从而误导消费者认为该产品具有更高的价值和吸引力，消费者一定要加以注意。

2. 社交媒体上的应用

在社交媒体上，一些人可能会通过偷换概念来制造争议或者引起人们的注意。例如，他们可能会故意曲解某个事件或者言论，利用这种舆论来吸引人们的注意，以此达到牟利的目的。我们在接受媒体信息时，要擦亮眼睛，明辨是非，不要人云亦云，跟风而走。

3. 学术讨论上的应用

在学术讨论上，一些学者可能会通过偷换概念来支持自己的论点或反驳他人的论点。例如，他们可能会混淆某个术语、概念或者定义，以使其看起来更符合自己的观点。但是学术是严谨的，只有真正的真理才能经得起时间的推敲和考验。

第七章 积极避开逻辑性误区

经验不一定可靠：一枪未开的猎人

☺ 幽默故事

有个老人总是吹嘘他的打猎技术无人能敌。

有一天，朋友邀他一起打猎。

只见几只野鸭子落在了湖对岸。老人举起猎枪，认真地瞄准野鸭子，但是并没有听见枪响，不一会儿野鸭子都飞走了。

朋友："你到底有没有开枪！鸭子都飞走了！"

老人："我刚才正在瞄准，第一只我瞄中左眼，第二只我瞄中右眼，第三只我瞄中嘴。"

朋友："那你一共开了几枪？"

老人："我一枪都没开，我就是练习瞄准，因为我瞄准的技术无人能敌！"

🎤 趣味点评

这个故事的精髓在于揭示了经验和实际行动之间的差异。虽然老人自诩自己"打猎技术无人能敌",可原来他只是"瞄准"技术"纯熟"。按他这种说法,任何人打猎都是天下无敌,因为实际上他并没有真正射击,整个过程一枪没开。这个故事以一种幽默的方式表达了"经验不一定可靠"的观点,表明了即使经验丰富,也需要实际操作。

逻辑学解读

经验通常被定义为个体通过直接参与和观察事物而获得的知识和技能。经验还可以被看作是个人与环境相互作用的结果,是个体的主动尝试和行为与环境反作用的特殊结合。通过这种不断地互动,个体能够建立对世界的理解并从中学习。同时,经验与知识不同,知识经常是记录、推理演绎、逻辑思维或存储的信息,而经验更多的是从已经发生过的事情中积累的信息。

很多人熟悉了经验,可能都会认为,既然经验是对过往事情信息的积累,那么做事情、分析事情就可以根据以往经验来进行,这一定是可靠的。其实不然,我们生活的这个世界,一切都是变化的,所有事情的条件与外界环境也在不断地变化,因此我们不能够单纯地凭借过往经验处理事情。正如笑话中的老人,他一味地训练自己"瞄准的经验",但是在真正的实操面前,他的经验并没有给他带来"彩头"。

我们都听过《守株待兔》的故事:

一个懒惰的农民,吃完饭后去田里散步。突然,一只被猎人追赶的兔子闯进他家的田地,并且撞到树桩上,昏死过去。农民大喜,跑过去抓住了兔子,晚上饱餐了一顿兔子肉。

第七章 积极避开逻辑性误区

之后，农民就不再耕种了，而是每天都守着那个树桩，等待着兔子再次跑来撞晕，自己就又可以不费吹灰之力得到一只兔子。但是，奇迹再也没有出现。而且由于农民的懒惰，他的农田都变得荒芜了。

这则故事中的农民，做事情完全依靠之前的"经验"。由于之前兔子撞到了树桩，使得他不劳而获。于是，他就依靠这次经验，不再种地，而是守在那里等待兔子再次撞上树桩。那一次，毕竟是因为猎人打猎，兔子受到惊吓而不小心撞到了树桩，这本来就是一件概率很低的事情，却被懒惰的农民作为经验，每天守着树桩，等着兔子来撞。这个故事不仅告诉我们"经验不一定可靠"，也告诉我们，要想不劳而获，即使有这方面的经验，也并不可靠。

这看似只是一个寓言故事，但是生活中这种现象经常存在，而且在各个领域中都比较常见。经常有一部分人以经验论成败，认为经验是做事情成功的重要因素，然后他们常常将曾经的经验生搬硬套在现在的事情上，导致了惨重的失败。

例如，曾经的商业模式，靠的就是进货渠道，货源与渠道是商业买卖取胜的关键。但是时代在变化，自从互联网崛起，这个世界的很多规则就已经发生了翻天覆地的变化。这时候，仍旧还有很多传统行业根据以往的经验，信奉渠道为商业取胜的重要因素，但是随着淘宝、拼多多、京东等网上购物平台的崛起，消费者不再需要直接接触外界，就可以获得海量商品的选择。渠道为王也就一夜之间成为旧时代的"专属经验"，人们不再为选择商品和货源发愁，过往的商业经验逐步被淘汰。所以，当人们还信奉过去传统行业的经验时，他们就已经不再能够享受"经验福利"了，而是等来了失败。

我们再来看一则案例：

小光第一次去打篮球，正好有一位个子比他矮小的男孩也在打篮球。小光就很轻松地赢了这个男孩。大约两个月后，小光又在篮球场看到了这个矮小的男孩。根据上次的经验，小光觉得自己一定能够轻松地再次打赢这个男孩，就还是用同样的技巧和经验与这个男孩打球，结果惨败。原来男孩每天都去练球，并且请了专业的教练教他打篮球的技巧。

这个案例说明了为什么"经验不一定可靠"，就是因为有些人和事的内在影响因素在发生变化，它并不是静止的。正如矮个子男孩，他的球技是在不断进步的。而小光根本没发生什么变化，还是用以往的经验和技巧来与男孩比赛，自然就落了下风。

我们再来看一看外界干扰因素发生变化，对经验可靠程度的影响：

智华集团每年的周年庆都举行拔河比赛，机械研发部门都是一群年轻力壮的小伙子，因此往年他们都会赢得比赛。今年机械研发部部长笑着对大家说："根据往年的经验，今年一定还是我们部门赢得比赛。"

比赛当天，机械研发部居然抽中了与客服部对战。研发部部长哈哈大笑，他认为这次比赛赢定了，因为客服部都是一群小姑娘，哪里能够有力气赢得了自己部门的这群身强力壮的小伙子。可谁知，一个个小姑娘穿着超短裙，露着大长腿，齐声撒娇一样喊道："哥哥今天要我们赢。"不出五分钟，机械研发部的小伙子们个个面红耳赤，居然败下阵来，输了比赛，惹得观众们哈哈大笑。

这个案例中经验的干扰因素就是穿着超短裙、露着大长腿、撒娇的姑娘们。无论这群强有力的"钢铁小伙子"多有力量，又是如何利用过往的经验，在这次来参加拔河比赛时都没用了。因为他们的心定不住了，在观众们的哈哈大笑声中，我们看到了经验在外界干扰下，也不总是可靠的。

综上所述，完全经验主义是不可取的。在处理日常事务时，我们不仅不能单凭借经验做出决定，还要不断地迭代自己的知识，同时我们还要顾全大局，不断学习，不断地完善"经验"。这样，经验才能够具有更好的应用价值。

日常应用

经验在很多情况下都是宝贵的，它帮助我们预测结果、做出决策，并且避免重复错误。但经验也并不总是可靠的，特别是在以下这些日常应用情景中。

1. 快速变化的领域

在科技、时尚或市场营销等快速发展的领域，过去的经验可能很快过时。新的技术和新的发展趋势以及新策略的不断涌现，都表明过去的经验已经不能满足时代发展的需求。

2. 个体差异

经验通常在特定的情境和事情方面非常有用，但是当每个人的背景、性格、技能、知识等都不同时，同样的经验在这些不同的人身上就可能不管用，也可能导致不同的结果。

3. 意外因素

生活中总是有很多无法预测和无法控制的意外因素，如自然灾难、政治动荡或者全球经济变化等。这些事件的发生都有可能颠覆过去的经验，使原本经验中的可靠策略变得无效。

以偏概全：会让人"拉肚子"的健身教练

🙂 幽默故事

小楚最近迷上了健身。有一天，他正在健身时，有一位身材魁梧的健身教练走过来，热情地向他推销了一款蛋白质粉。

小楚喝了这款蛋白质粉，结果出现了严重的腹泻。他生气地对朋友们说："这辈子，我再也不相信健身教练了，接触他们都会拉肚子！"

🎤 趣味点评

这个故事通过小楚的经历，向我们展现了什么是"以偏概全"。小楚因为他个人的负面经历，就对健身教练整个群体产生偏见，甚至认为"接触他们都会拉肚子"。

⚙ 逻辑学解读

以偏概全，指片面地根据局部现象来推论整体，得出错误的结论。这个词语出自吴家国的《普通逻辑》："只有分析地阅读，才能学得深透，不致囫囵吞枣，一知半解；只有综合地阅读，才能学得完整个系统，不致断章取义，以偏概全。"

故事中的小楚并不是一个特例，在日常生活中，我们经常会遇到"以偏概全"这种现象。也就是仅凭借个别或者部分信息，就对一些人或者事情做出整体的判断。这种以偏概全的错误逻辑思维方式，具有相当大的危害，我们应该学会以缜密的逻辑方式理性地看待问题。

以偏概全在我们生活中无处不在，例如，我们可能因为一次不愉快的购物经历，而对购买的这个品牌再也不满意，产生偏见；或者在团队工作中，因为某个团队成员的一次不良表现或者不良事件的发生，就对整个团队能力产生怀疑；或者因为一个家庭中的儿女不好，就否定他们父母的为人。这些都属于典型的以偏概全现象。它们让我们忽略了事物的多样性和复杂性，导致我们做出了片面的判断。

我们来看一则故事：

徐睿是全省有名的优秀教师，她兢兢业业地坚守在三尺讲台二十多年。最近她病倒了，尽管她放心不下学生们，但是身体虚弱的她，迫不得已住进了医院。

徐睿住院没几天，学校就组织了期末考试。考试结束后，班长代表全班学生去看望住院的老师。徐睿见到班长后，显得特别焦急，她忙问："你和同学们考试考得怎样？"

班长说："这次我考试发挥失常了，成绩很不好。"徐睿一听说班长没考好，还没等班长继续往下说，就晕了过去。

徐睿被抢救过来后说："你作为班长都没考好，那么整个班级肯定都没考好，我能不着急吗？"

看到这个案例，你是否被这位老师的敬业精神打动了。但是，这位老师的逻辑思维却是错误的，不能因为班长自己没有考好，就一概而论地认为全班学生都没有考好。班长只是全班学生中的一员，他个人的考试成绩与考场发挥状态无法代表整个班级的情况。显然，由"班长没有考好"推断出"全班没有考好"是一种逻辑错误，是以偏概全。

我们再来看一则故事：

在一个冬天里，中国国奥男足去广西参加四国联赛。比赛刚开始，中央电视台体育频道的解说员与特邀嘉宾就看到足球场上是一片黄色。他们非常吃惊，以为广西场地的主办方没有给赛场铺草皮。但是等摄像镜头拉近、放大后，他们发现并非工作人员没有铺草皮，而是这些草居然全部冻死了。

这让解说员与特邀嘉宾倍感奇怪，两个人一致认为广西的天气属于亚热带气候，不应该出现这种情况。他们一起讨论，说："我们都曾经一起在云南昆明训练基地过冬，昆明离广西很近，也属于亚热带气候，四季如春，那里的草皮从来没有冻死过！"

两个人很奇怪，为何与云南昆明纬度大体相同的广西，冬天运来的草皮居然冻死了。

其实，这也是一个典型的以偏概全的故事。解说员与特邀嘉宾并没有在冬天的广西长期居住过，而仅仅根据自己以往的经验，即在广西邻省云南过冬的情况来推断广西的气候，这是非常片面的。两省虽然同属于亚热带气候，但是也有一些差异，所以他们的推理属于以偏概全的逻辑错误。

同时，这里面还有另一个"以偏概全"的错误，广西场地的草皮是从美国足球场引进的，按照常理，美国亚热带地区应该与中国亚热带地区气候差异不大，那里的草皮应该也能适应在广西生长。广西场地的管理员也是觉得两地同属亚热带气候，所以没有一丝犹豫地引进了美国的草皮。殊不知，两地的气候并不相近，而是有着截然不同的特征。中国广西虽然处在亚热带气候带上，但是在冬季一段时间里，冷空气会南下，这时草皮就会被冻死。

这个故事中的解说员与特邀嘉宾，还有场地管理员都因为信息的偏差，而犯了"以偏概全"的错误。这都表明，有时候，即使是学识丰富与逻辑能力较强的人，也容易犯这种错误。

总之，以偏概全是一种常见的思维陷阱，我们需要认识它的危害，并学会理性地看待问题。我们在倾听他人观点的同时，要尽可能从多个角度来看待和分析问题，避免一叶障目，也要确保自己的判断是基于全面准确的信息，以便能够真正地了解事情的真相。

日常应用

避免以偏概全在日常生活中非常重要，因为这有助于我们更全面、准确地理解和评估各种情况。以下是一些日常应用中的建议。

1. 人际交往方面

在人际交往中，要学会多角度地了解他人。当听到一些人对某个人的评价时，不要仅凭一面之词或者一两个表面现象就对这个人做出判断。试着从其他不同的角度去了解对方，包括从性格、背景、经历等，以便全面、真实地认识这个人。

2. 工作学习方面

在工作、学习中遇到问题的时候，要学会全面地分析问题，并且深入分析问题的各个方面的原因，而不是凭借片面的信息就妄下结论，不盲目、草率地做任何决策和判断，以免产生错误结论。同时，在学习、工作中，要善于收集多方面信息，保证信息和数据的准确性，并对多渠道信息进行分析和比较，保证能够更好地对事情进行正确评估。

3. 媒体与社交网络方面

现在是网络时代，我们在浏览媒体和社交网络信息时，要警惕虚假信息和谣言的传播。切莫"以偏概全"，而是要全方面、多渠道的去核实信息的真实性，避免被误导而产生偏见。同时，也要保持独立的思考能力，不要盲目跟风。我们一定要根据自己的判断和价值观正确认知事情，不可以丧失自己的思考力。

专家的话也不完全靠谱：第二个专家

😊 幽默故事

记者问专家："一个专家说北极的冰川正在融化，海平面会上升，我们该怎么办？"

专家回答："我们应该找第二个专家，听他告诉我们为什么不用担心。"

🎙 趣味点评

这个故事中的笑点就是"暗示"了专家的不靠谱，以及对"专家的话有时相互矛盾"的讽刺。在这个笑话中，第一个专家给出了一个关于冰川融化的严重警告，然而被采访的专家面对相关问题，没有能力回答，而是建议另找第二个专家，听他怎么宣传"不用担心"。这反映了在某些情况下，专家的话也不完全靠谱。

逻辑学解读

在新闻报道中，我们经常听到"专家建议"或者"专家说"这类的话语，这里面充斥着满满的权威性与引导性，从而引起广大群众的注意与认同。从逻辑学的角度来看，专家因为拥有大量的专业知识，他们所推论出来的结论会更科学与严谨。于是人们对专家往往有着强烈的信服度，他们的意见往往被认为是专业和可信的。因此，新闻媒体经常借助专家的话，来加强新闻报道的可信度。但是专家的话就一定靠谱和可信吗？我们一定要具备超强的辨别能力。

大众对于权威的信服，让权威人士的头顶大多戴有智慧的光环，而且我们也习惯了信仰他们的言语。让我们来看一则故事：

著名空军将领凯斯杰·迪克要执行一次重要的飞行任务，但是他的助理副驾驶员突发疾病，总部就给他派来一名新来的副驾驶员做替补。

这名替补副驾驶员感觉非常荣幸。他非常崇拜凯斯杰·迪克，认为他就是空军界的权威，"神一样"的存在，自己能够和这位传奇将领同飞，他兴奋无比。

凯斯杰·迪克在起飞的过程中哼起歌来，还随着歌曲的节奏用手打起拍子。当时飞机并没有达到可以起飞的速度，但是迪克打拍子的这个动作，令替补副驾驶员误以为将领让他将飞机升起来，于是替补副驾驶员毫不犹豫地将操纵杆推了上去，结果飞机撞击到地上，导致迪克终身瘫痪。

事后记者采访替补副驾驶员，问道："既然你知道飞机还不能起飞，为什么要把操纵杆推上去呢？"

替补副驾驶员无比痛苦和内疚地说:"因为我只相信将领,无条件、不怀疑地服从他的命令,我以为他要我这么做。"

这则故事向我们展示了一个"权威效应"下的悲剧。故事告诉我们,权威人士有多容易对大众产生影响,如果这里面一旦出现错误和误导,后果有多可怕。替补副驾驶员显然被"将领头衔的光环"冲昏了头脑,连最基本的"飞机没达到起飞速度不能起飞"这一常识都可以不管不顾,只"服从"与"听从"权威的意见。这无形中告诫我们,除了专家的话之外,每个人都应该保持自己的辨知能力和独立的认知,尤其是在生命面前,开不起任何玩笑。

我们再来看一则案例:

不少中国老一辈人做饭时都会加一些味精来调味,红梅味精更是几乎家家都在使用的调料。但是不知道从什么时候起,突然传出了一则新闻,新闻中的专家大肆宣讲着味精的致癌性和加热过程中会产生毒素的言辞。专家的"味精致癌"这一说法,一夜之间就传播到了许多百姓的耳朵里,这一度引起了老百姓的恐慌,那时候,人们对专家的话可谓深信不疑,一时间几乎家家都丢掉了味精,不敢再用。

几年过去,红梅味精生产厂家经历那场"专家提醒"后,几近倒闭。但是,随着科学的发展和互联网信息流通的进步,我们都知道了,关于味精致癌的说法,实际上是一个误解。目前并没有任何科学证据表明味精会导致癌症,而所谓"专家说法",实则只是对味精的一些早期的研究,并不正确。

历史或者早已忘记了给味精辟谣,人们也习惯了使用味精的替代品鸡精。就在人们都觉得鸡精安全时，却不知其实鸡精里的成分也有味精，而且鸡精比味精含有更多的食品添加剂。这些真相都深刻地告诉我们，专家的话也不是完全可靠，我们不能够凡事一味地听取"专家"的意见，而是应该注意媒体为何会有这种倾向和立场。同时我们必须具有一定的批判性思维和辨别能力，多角度、多渠道地去看待专家所说的事情和问题。

日常生活中，我们对"专家"的盲从已经非常普遍。例如医学界，一个主治医生如果说这个病人患了什么疾病，那么护士和家属，以及协从治疗人员基本没有异议。那些误诊产生时，患者甚至不曾听到质疑的声音。正是因为人们对"权威"与"专家"的信赖与尊重，导致这种对"权威"和"专家"的盲从甚至成为一种传统。所以这个社会，无论是谁，只要有一些"专家"的名头，一部分人就会对他们表现出唯唯诺诺、毕恭毕敬的样子，并且无条件地相信他们。这也导致一些"骗子"专门来冒充"专家"，他们甚至利用一些谣言，来达到自己从中牟取暴利的目的。比如新冠疫情时，人们买不到连花清瘟胶囊，就传出"兽药中的土霉素等药也具有抗新冠病毒作用"的消息，这一消息传出，这些药物几乎一夜之间被抢购一空。这都引人深思，专家的话不是不好，但是我们首先要辨别出"真假专家"，而且即便是对于真专家的话，我们也要保留一份清醒和自己的认知。

互联网时代，各种信息充斥了网络。网络上"鱼龙混杂"，冒出了很多的"专家老师"，专业性也更加"降低"。自媒体的出现，让知识付费成为一种时代的潮流。很多普通人突然自发地给自己贴上了"经济学家""占卜家""教育家""社会学家"等标签,他们也许并不是这方面真正的专家,只是有着一些经验与相关学识,有的甚至都没有这方面的学识。所以我们在大量地获取自媒体信息时,一定要具备独立的思考能力,不要盲目地向"专家"求知求学,而是要寻求真正的知识。

如果我们找到了真正权威的专家,在虚心听取他们的建议和思想时,心中也要有自己的见解和看法。我们要尽可能地多去查证资料,学习相关知识,然后多想、多看、多思考,提升自己的逻辑思维与判断能力。

相信专家权威不是错误,就像笑话中的专家也会给人类带来预警,这只是告诫我们不能盲目地相信专家权威,不要迷信任何权威,要培养独立的思考能力和质疑的精神。

日常应用

专家意见在大多数情况下是宝贵的,因为他们通常具备深厚的专业知识和实践经验。然而,也存在一些情况,使得专家意见并不总是完全可靠,以下是一些日常生活中的例子。

1. 技术发展快速的领域

在信息技术或者生物技术等快速发展的领域,即使最顶尖的专家也可能难以跟上最新的发展趋势。如今 AI 技术的逐步成熟,更是让"专家"所掌握的信息很容易存在科技的落差,因此,专家的意见可能是基于过时的信息或理论,不再完全准确和可靠。

2. 个人偏见和利益冲突

专家也有可能因为受到个人偏见以及利益冲突的影响，导致他们的意见不够客观。例如，一些专家过度推崇自己研究的理论或者技术，他们偏激地认为只有自己的才是"最正确的"，而忽略了科学的可进步性。

3. 复杂问题的简化处理

专家有时候可能试图将复杂的问题简化为易于理解的形式，以便向公众或非专业人士传达。这种简化处理过的信息就容易导致"论证的信息"失真或者"变形"，间接使得专家变得不那么可靠。

第八章

逻辑学高手的点金智慧

　　逻辑学高手的点金智慧,是在日常生活和工作中积累和锤炼的结果。这些智慧不仅体现在其深入且灵活地运用逻辑原理来分析信息、解决问题,更是具有严谨的推理与论证能力,同时懂得深刻洞察事物的本质。高手都是懂得战术的。智者,都具有独特的思维哲学,让我们破开思维定式的枷锁,一起走进双赢下智者的逻辑世界。

高手都思维缜密：法网恢恢，疏而不漏

😊 幽默故事

警察问嫌疑犯："你当时在现场吗？"

嫌疑犯回答："不在，我有完全不在场的证明。"

警察问："什么证明？"

嫌疑犯回答："我当时在看电视，而且那部电视剧正好是直播的，我可以告诉你电视剧里的每一个细节。"

警察又问："那你能解释下为什么电视遥控器在你的床底下吗？"

🎤 趣味点评

故事中的嫌疑犯以为自己很聪明，试图通过详细的电视剧剧情回忆，来证明自己不在现场。然而，警察的思维更加缜密，观察也更加细致，仅仅通过一个简单但关键的细节（电视遥控器在床底下），就揭示了嫌疑犯的谎言。这种严谨而细致的推理过程与结果的反转构成了幽默。

逻辑学解读

曾国藩曾说:"古之成大事者,规模远大与综理密微,二者缺一不可。"一语道破高人需要具备缜密的逻辑思维能力。

一般思维缜密的人,逻辑思维能力都很强。就像笑话中的警察,他们一般都经过专业的逻辑思维能力训练,能够于细小的事情中,通过缜密的思维,发现常人发现不了的事情,从而推断出案情的真相。并且,思维缜密之人,他们往往特别注意细节,不会草率行事,而是会一步步地进行思考和分析,确保每个细节都能够考虑到,他们的逻辑链条几乎完美。

缜密的思维,更是构建良好沟通的前提。一个人想要成为高手,一定需要具备良好的沟通能力。思维缜密的高手在与人交际时,他们强大的逻辑思维能力,能够帮助他们厘清事物发展的脉络。

下面我们来看一则案例:

某影星最近做客深度访谈节目《立场》。这个节目的主持人易立竞是前《南方人物周刊》的高级主笔,有着20年的媒体经验,并且采访风格极度犀利,圈内的明星遇到她都"束手无策",可见她的逻辑思维能力有多强悍。但是,就是面对这样一位出色的"新闻与隐私挖掘者",这位影星并没有畏惧她,并且通过严谨、缜密的逻辑思辨能力,让易立竞几乎"吃瘪",不得不放弃进攻式采访,只得"以攻为守,缓慢前行"。

这是一场精彩的高手与高手之间关于逻辑思辨能力的过招。

下边截取了一小段他们的对话,以供大家欣赏:

易立竞问:"关于演戏,你有什么理想吗?"

某星反问:"能有什么理想呢?最高的目标是什么呢?"

易立竞进一步解释道:"比如演一些传世作品啊。"

要知道,这位影星曾经因为一部家喻户晓的电视剧火遍中国,但是因为"绯闻与舆论",已经很多年没有戏可以拍了。面对这个似乎"不怀好意"与"讽刺"的问题,他是这样回答的:"传给谁啊,前面演的那些戏所有人都看过了,叫传世作品吗?每个时代都有每个时代所看到的东西,不可能有什么所谓传世作品,传世也有时间段的吧,怎么可能呢?"

这只是采访中的一段对话,其中不难看出,某星非常冷静睿智。他并没有被"犀利"的主持人拿捏。他通过缜密的思维能力,捕捉到问题的其他切入点,长驱直入地进行了委婉的反驳。整个采访过程,某星都把自己的思路厘得特别清楚,并没有被别人的问题牵着走。这才是逻辑思辨能力中的高手。

缜密的思维能力,还能够帮助人们在商业谈判中占据优势,取得成功。

刘思思代表企业与合作公司进行谈判,双方都希望将自己企业的利益最大化。其中自然是矛盾重重,但是,这并没有难倒刘思思。在与对方沟通过程中,刘思思凭借敏锐、缜密的逻辑思维能力,成功地摆脱了对方的逻辑思路,并且成功地引领、掌控整个谈判局势的发展方向。刘思思始终在表达自己企业的合作思路与付出的代价,让对方心服口服,最终用缜密的思维逻辑,说服了对方。

这则案例告诉我们,高手都具有缜密的逻辑思维能力,而谈判高手刘思思更是凭借缜密的思维能力来掌控谈判的局势发展，最终获得胜利。这种思维缜密之人，大多善于洞察每个人内心的思想和情绪变化，能够分辨推理出对方的弱点和需求，进而根据对方的情绪和思想变化，选择更为合适的沟通交流方式和内容，从而达到自己的目的。

能成大事者，也都是具有缜密思维能力的人。思维缜密的人往往都能沉住气，他们具有十足的耐心，往往话不多，但是只要开口，就一语中的。例如我国历史上的名臣曾国藩就是典型的思维缜密之人。他看问题非常全面，做人小心谨慎，做事务实又具有智慧，滴水不漏。这都缘于他对自己的思维以及所处位置分析得清清楚楚。他在带兵打仗时，更是在军事布局中将他的缜密思维表现得淋漓尽致。

因为逻辑思维缜密，这些人懂得走在适合自己的道路上，所以容易获得成功；他们注意自己的任何说辞，往往能够一语道破事情的真相和本质，所以他们拥有更好的交际和说服力；他们懂得察言观色，揣摩人们的心理，知道在最适合的时机进行自己的计划；他们知道自己该去结交哪些适合自己的朋友，更能够借助他人获得成功。

综上所述，缜密的思维能力对于成功有着重要的影响。高手都具备缜密的思维能力。我们如果也想成为逻辑高手，就要学会在日常生活中顾全大局，也要能够看得见细微之处。

日常应用

逻辑高手通常表现出逻辑思维缜密的特点，以下是高手具备逻辑思维缜密特点的表现。

1. 分析问题深刻

高手善于全面深刻地分析问题，抓住问题的本质和关键所在。他们擅长运用逻辑思维方法，例如推理、归纳、演绎等，将复杂问题分解成几个相互联系的简单问题，进行深入的讨论，从而得出更精准的答案。

2. 推理严密

高手在推理过程中注重证据的充分性和逻辑性。他们不会轻易相信未经证实的信息以及假设，而是喜欢通过推理和验证来确保结论的可靠性。他们的推理过程往往条理清晰、层次分明、思维严谨。

3. 判断准确

思维缜密的高手在做出任何判断的时候，都能够综合考虑事情的各种因素，权衡利弊，并且妥善处理得失。他们不会凭借直觉和偏见做出决定，而是通过敏锐细微、缜密的逻辑思维能力对事实进行判断和推理，这使得他们的推断更加准确。

4. 解决方案有效

思维缜密的高手在解决问题时，能够提出切实可行的解决方案。他们不仅仅关注问题的表面现象，更善于深入挖掘问题的根源，因此他们的解决方案往往非常有效。

解开思维定式的枷锁："上帝"视角

☺ 幽默故事

小伙子的女朋友劈腿,给他戴了绿帽子。他一气之下去了楼顶准备自杀。

警察爬到楼顶,淡定地问他原因。

他说谈了八年的女朋友跟"土豪"跑了,明天就要结婚了,他感觉活着没意思。

警察嘿嘿一笑:"傻小子,白白谈了'土豪'老婆八年,还有脸想不开?"

小伙子愣了,一琢磨还真是这个道理,遂放弃自杀。

🎤 趣味点评

故事中的小伙子惨遭"劈腿",本来一心求死,因为他用的是"常态思维",即"我遭受了背叛,受到了伤害"。警察一来,一句话就扭转了乾坤,他将小伙子的"受害人视角",通过解开思维定式的枷锁,转换成得到什么的"占便宜视角",即"白白谈了'土豪'老婆八年",这句话使小伙子茅塞顿开,不再轻生。

逻辑学解读

思维定式,简单来讲就是我们习惯于用已有的思维方式来思考、解决问题。思维定式本质上没有绝对的好坏之分。但是,日常生活中,大部分活动都是依靠思维定式来进行,这就容易影响我们的行为方式,并且容易墨守成规,阻碍思维的发展。

我们来看司马光砸缸的故事。看到有小孩落入水缸,人们常规的思维模式就是"赶紧想办法将人拉出来",但是司马光年龄小,个子矮,并不具备将人拉出来的能力。然而,司马光并没有被常态思维固化住,而是利用逆向思维,果断地用石头把缸砸坏,救出了小孩。

这个经典故事就是告诉我们一个道理,勇于解开思维定式的枷锁,敢于"反其道而思之",让思维灵活起来,从问题的其他方面深入地进行探索,利用新思维,也许能更好地解决问题。

还有这样一则故事:

两个温州小伙子结伴一起去非洲做生意。他们带来了一车鞋子。但是到了非洲后,他们发现那里的人几乎不穿鞋,都是光着脚走路。其中的胖小伙因此一下子开始变得愁眉不展。他都快哭了,说道:"怎么办,这下赔惨了,鞋子对于这里的人们根本没有用处,肯定卖不出去。"

但是,瘦小伙变得异常兴奋。他说:"太好了,非洲人都没穿鞋,我们的鞋子这下可有了大市场!"

两个小伙子的态度可谓天壤之别，而且这两种不同的心态和想法来源于两种不同的思维。可见同样的事情，在不同的思维下能够产生完全不同的效果，而使用不同的思维，也将使同一事件产生不同的结局。所以我们一定不要固化在思维定式里出不来，遇到困境时，要学会跳出常态思维的束缚，换个角度来思考问题，也许问题不仅能够迎刃而解，还会是一次成长的新机遇。

解开思维定式枷锁最好的办法就是转换思维视角。人们的思维活动往往具有一定的方向性和次序，并且起点都具有习惯性。在起点上改变思维的切入点，就叫作改变思维视角。

那么我们如何改变思维的常规视角呢？

我们来看一个故事：

王琳琳嫁到武夷山的一个村子里，那里的人们常年种茶、制茶、卖茶。嫁鸡随鸡，王琳琳也放下了之前的工作，全心全意地和老公一起经营一家茶叶公司。公司刚起步，他们小两口缺少资金，就将婚房抵押贷款，这才有了流动资金。经过两个人的苦心经营，王琳琳的茶叶公司在当地闯出了名声，经营得风生水起。但是天有不测风云，这一年武夷山一带连续好多天都在下暴雨。由于工作人员的疏忽，放置了好几万斤茶叶的库房居然进了雨水，导致茶叶全部被泡坏了。而让王琳琳更揪心的是，不仅茶叶被泡，茶砖都被雨水打散了。

这件事情给公司造成了巨大损失。这一大批茶叶眼看着就要成为废品，王琳琳心急如焚。如果这些茶叶都只能被丢掉，公司就没有了可以回笼的资金，就会面临倒闭。

王琳琳为这事伤透了脑筋。由于夫妻俩没时间照顾孩子，王琳琳的妈妈被接来照顾孩子。晚上，姥姥看到外孙的枕头坏了，又看到屋子里堆满了很多摊开晾干了的茶叶，就拿起针线给外孙缝制茶枕。在南方，不少人都有睡觉使用茶枕的习惯，用晒过的茶叶做枕头，不仅有一股茶香，还十分有益健康。

这一幕恰巧被王琳琳看到了。她脑子里灵光闪动，心中大喜。她想："我可以将这些泡水的茶叶集中进行晾晒，然后将这批茶叶卖给当地制作茶枕的企业！"虽然这样茶叶的售价会低很多，但是也能够帮助公司回笼部分资金，减少损失，同时也让公司能够起死回生。

于是王琳琳就按照这个思路，成功地将泡散晒干后的茶叶出售给了枕头制作商，虽然公司的损失仍然很大，但是至少回收了部分资金，让公司成功度过了危机。

从古至今，大多数人思考问题时，都是按照常情、常理、常规去思考，或者按照事物发生的时间、空间以及联系去思考。案例中，王琳琳在遭遇茶叶浸泡事情后，她最开始也没有跳出常态思维的习惯，觉得这些茶叶肯定没法卖出去。但是，在困境中，越能使用打破常规的思维视角就越能够打破僵局。王琳琳通过她的母亲做茶枕这件事情，成功地使自己从常态思维的枷锁里跳了出来，并且找到了解决之道。这种将"常规不可能的事情"，转化为"可以办到的事情"的思维，就是解开常态思维定式枷锁的"破局之道"。

综上所述，我们既要勇于解开思维定式的枷锁，还要保持开放的思维，学会跨界思考、挑战新的领域，尝试用创新思维和新的思维视角来打破思维定式，学会从不同的视角看待问题，并以创造性思维更好地解决问题。

日常应用

要想解开思维定式的枷锁，我们可以使用以下一些方法。

1. 反向思维

反向思维方式有助于打破常规思维模式，可以为我们带来新的见解和创意。当我们遇到一些棘手问题时，可以试着从相反的角度去思考问题，可能会有意想不到的发现。

2. 多角度思考问题

尝试从不同的视角或者利益相关者的角度去思考问题，有助于获得更全面的信息和更深入的理解，并有可能找到更好的解决方案。通过设想自己是与众不同的人，或者与其他人进行不同观点的碰撞，可以获得多角度的观点和建议。

3. 联想思维

将不同的概念、领域或思想进行联想和组合，寻找它们之间的联系和新的可能性。尝试将一些看似不相关的事物联系起来，可能会产生创新、有价值的想法。

4. 学习新事物

通过学习新的知识、技能或者拓展新领域来拓宽自己的思维模式。新的信息和新的观点能够触发新的思维模式，并且提供更多的了解新事物的角度，从中获取新的灵感。

做有素质的逻辑高手：智慧的证明

😊 幽默故事

贝克去参加一个派对，走到门口时，他遇到一个非常挑剔的门卫。

门卫打量了他一下，说："来我们这里的可都是高素质的人，你能证明你也是有素质的人吗？"

贝克微微一笑，回答道："如果你能证明我是一个没有素质的人，那我就没有素质。但是如果你不能证明，根据逻辑推理，你就必须承认我是有素质的。"

门卫一时语塞，不知如何回答。于是贝克优雅地走进去参加派对了。

🎤 趣味点评

这个故事以一种幽默的方式展示了逻辑高手如何用智慧和逻辑应对挑战，同时也暗含了对"有素质"这一概念的巧妙解读。故事中，贝克不仅能以清晰的逻辑应对问题，还以高情商的方式保持了礼貌和对门卫的尊重，展现了一个逻辑高手真正的素质。

第八章　逻辑学高手的点金智慧

⚙️ 逻辑学解读

逻辑是人类长期思维实践最重要的经验总结和理论成果，是人类智慧最深刻的体现。1974年，联合国教科文组织就把逻辑学置于七大基础学科中的第二位。这足以证明逻辑能力在人类的素质中占据相当的分量。

而且，素质不仅仅包含文化水平、身体素质，还包括逻辑思维能力和对外界的洞察能力以及明辨是非的能力。所以不难看出，逻辑思维能力也是素质的重要组成部分。因此逻辑能力强的人，他们的素质往往也不低。

在培养一个人的素质的时候，也需要时刻进行逻辑思维方面的训练。比如我们在学习知识的时候，就会对所学的知识进行详细的了解。在这个过程中，知识会通过大脑进行转化、领悟，从而运用实践。我们在记忆这些知识的过程中，都会对知识进行分析记忆，这个消化知识的过程，也属于逻辑分析的过程。

让我们一起来看一个案例：

王华在公园散步时，听到前方传来一阵争吵声。只见不远处，有一位中年妇女正在与一位年轻人争执。中年妇女指责年轻人碰撞到了她的孩子，导致孩子跌倒受伤。年轻人则坚称自己只是路过，并没有碰到孩子。双方情绪异常激动。

王华见状，决定上前调解。他首先保持冷静，避免因为盲目地加入而产生争吵。他仔细观察了现场情况，发现孩子的伤势并不严重。接着，王华运用自己的逻辑能力进行分析，他认为，首先要确认的是事实真相，即年轻人是否真的碰撞到了孩子。于是，他询问了周围的目击者，并去监管处查看了现场监控录像。经过一番调查，李华发现并没有确凿证据证明年轻人碰撞到了孩子。

明确了这件事情后，王华开始与双方进行沟通。他首先利用优秀的逻辑语言表达能力，对中年妇女表示理解，并进行劝说。他说道："毕竟孩子受伤，作为母亲肯定担忧。"但是，他向中年妇女陈述了调查结果，并建议她停止争吵，先带孩子去医院检查，确保孩子没有大碍。

对于年轻人，王华则强调了在公共场所应该注意自己的行为，避免引起误会。同时，他也劝说年轻人表现出更多的理解和包容。

最后，在王华高超的逻辑思维与缜密的劝解言语中，双方的情绪都平复下来，事情圆满解决。

通过这个案例，我们可以学习王华作为一个高素质、以及有着超强逻辑思维能力的人，是怎么样处理纠纷的。他首先保持冷静，避免情绪化；其次运用逻辑能力进行分析和调查，确保掌握事实真相；最后，他运用逻辑沟通技巧化解双方矛盾，和平地解决问题。整个过程展现了王华高素质的逻辑能力。

我们再来看一个案例：

张媛媛是一所高中的教师。她所带的班级升学率都很高，班级里还有多名学生被北京大学、清华大学等名校录取。因此，张媛媛在当地算得上是名师。她的嫂子开了一家书店，嫂子对张媛媛说："媛媛，你帮我给你的学生推荐几本我卖的练习册，这种练习册只有我的书店有，如果你推荐成功的话，我给你提成。"

张媛媛听了后沉默不语。她知道，凭借自己的知名度和家长对她的信任，她只要开口提及某本书或者某套题好，家长们就会毫不犹豫地去购买。但是她对这件事情进行了深入分析，如果自己这样做，势必会给家长增加经济负担，而且这并不一定能够帮助学生提高成绩，甚至会给学生增加没必要的学习负担，严重时还会影响自己的声誉。

经过一系列的逻辑分析，张媛媛果断地拒绝了嫂子的建议。

这个案例告诉我们，逻辑强的人都懂得分析事情的利弊，而且具有素质的逻辑高手，更懂得取舍，只在合适的时间做适当的事情，不应该做的事情一定会果断地放弃。故事中的张媛媛对事物就有明确的认知。她在收到嫂子委托自己推荐练习册的请求和给予销售提成的承诺后，并没有因为这是亲人的请求与自己可以从中获利，而滥用学生和家长对自己的信任，随便给学生推荐练习册。相反，她对这件事进行了冷静的具体分析，并且进行了推理和假设，还进一步假设出后果，明确了这件事情自己绝对不能做。

由此可见，逻辑高手一定要具备良好的素质，当遇到一些不符合社会道德的事情时，这种"内在的素质"会让他们对错误的事情说"NO"。

综上所述，要想做一个有素质的逻辑高手，需要不断地学习和努力提升自己。不仅要具备高超的逻辑思维能力，还需要注意沟通，并且常常对自己进行反思，同时培养我们的人文素养和品德。

日常应用

想要成为一个有素质的逻辑高手，除了要拥有出色的逻辑能力，还需要注重个人素质和道德修养，以下是一些建议。

1. 持续学习与精进

不断深入学习逻辑学,不仅限于学习基础的逻辑规则和原理,还要学习涉及逻辑学的现实应用。同时,要保持对其他学科的好奇心和求知欲,一定要拓展自己的知识面,这样有利于更加全面地提升自己的逻辑思辨能力。

2. 注重沟通与表达

作为一个逻辑高手,不仅要能够清晰地表达自己的观点和想法,还要善于倾听别人的观点。在沟通时,注意使用准确、简洁的语言,避免使用模糊或者歧义的表述,这也是高素质的人的基本素养。同时,保持开放和包容的态度,尊重他人的意见,保持良好的品德素养。

3. 坚守原则和道德底线

在运用逻辑分析问题时,要始终坚守公正、客观的原则,避免偏见或者受到情绪的影响。同时,要遵守道德规范和法律规范,越是逻辑能力强,越要重视自己的品格和道德,这样才能更好地利用自己强大的逻辑能力,在利于自己的同时利于他人。一定不能用逻辑能力欺骗和伤害他人。

4. 谦虚谨慎,不断反思

即使拥有出色的逻辑能力,也要保持低调谦虚,不可以盲目自负,要虚心接受他人的建议和批评。同时,利用逻辑思维能力不断地反思自己,在改正不足中不断地提升和蜕变。

顺路思维哲学：叫个外卖送我回家

😊 幽默故事

小东的车在一家披萨店门前抛锚了。

他灵机一动，叫了一个披萨外卖送到自己家里。等外卖骑手到达披萨店，他就让骑手顺路把他捎回去了。

🎤 趣味点评

故事中的小东特别懂得什么是"顺路思维"，他的车子抛锚，他就叫了个外卖，直接跟着"外卖顺风车"回家了。这让我们捧腹大笑的同时，不得不赞叹他应用"顺路思维哲学"的灵光。

⚙ 逻辑学解读

顺路思维，即在处理事务或解决问题时，根据事情的逻辑顺序和关联性，按照一条顺畅的路径逐步推进。这种思维方式强调效率和效果，有助于避免重复劳动和浪费时间。

顺路思维也是一种升级的方便智慧，正如故事中的小东，车抛锚后，他利用顺路思维，叫了外卖，然后让外卖小哥顺路捎自己回家。这种"顺路"的思维哲学，就是尽量用最少的时间和精力，来处理尽量多的事情。

我们先来看一个简单的案例：

小红计划前往市区办事，同时想到她的好友小张也住在市区。于是，小红算好时间，在处理完事情后"顺路"去拜访了小张，两人共进晚餐并交流了近况。回家的路上，路过菜市场，小红又"顺路"购买了明天家里需要的食材。走到小区门口时，小红还"顺路"去驿站取了今天的快递。

这个案例中的"顺路"，不仅让小红节省了专门拜访的时间，还增进了彼此的友谊。也展示了顺路思维在实际生活中的应用和益处。通过合理安排"顺路"的时间和机会，人们可以更有效地实现资源整合，提高生活和工作的效率。

我们在工作中，也经常遇到这种"顺路"思维的事情，例如，你要去拜访客户时，同事可能就会拿资料给你，请你顺路带给客户。这种看似"麻烦别人"与"偷懒"的处事方法，其实是一种逻辑处世哲学。这不仅可以让我们的工作更加灵活、方便，而且很大程度上提高了工作效率。对于企业或者团体来说，如果能够运用顺路思维来安排工作，既节省了时间成本，又节约了人力成本。因此，"顺路思维"是一种先进的逻辑优化。

但是这种"顺路思维哲学"，需要我们对自己要做的事情有明确的逻辑规划，只有经过缜密的安排与规划，我们做事情才可能"一箭双雕"

第八章 逻辑学高手的点金智慧

与"事半功倍",成为一个高效之人。

2024年AI技术飞速发展,世界首富马斯克更是利用AI技术,开发出了无人驾驶车。这种车的应用前景特别广阔,正是因为其中深藏着"顺路思维"哲学。众所周知,我们平时开车出行,到达目的地后,私家车就停在了停车场,甚至一天之内都是闲置的。马斯克提出了"私家车无人驾驶并入网约车计划",早晨,无人驾驶的私家车载着主人去上班,到达上班地点后,私家车就会自动智能地加入网约车,为主人打工拉客。这样,空闲的时间,私家车都可以"顺路"挣钱,并且创造新的财富价值,而不是只能在停车场闲置。这种顺路匹配不仅仅降低了出行成本,还增加了车主的收入。

或许这种无人驾驶汽车的上市,和"顺路并入网约车计划"会引起中国汽车行业新的革命。在我们赞叹科技发达的同时,不得不佩服马斯克团队的逻辑思维能力十分卓越,这种"顺路思维"哲学小到可以利于我们日常生活的方方面面,大到可以利国利民,甚至改变我们的生活模式。

在物流领域,顺路思维也得到了广泛应用。例如,快递公司在配送包裹时,会尽量安排同一区域的包裹由同一辆车进行配送,以减少运输成本和时间投入,此外,一些电商平台也利用顺路思维优化配送路线,提高配送效率。这种顺路配送的思维方式,有助于降低物流成本,减少配送时间,同时提高客户满意度。

想要对生活和工作进行合理的规划,运用好"顺路思维",具体要注意以下几点。

第一，要熟悉并了解自己所掌握的资源。

在生活与工作中，我们其实都掌握了很多资源，如果没能对这些资源进行规划和应用，资源也就浪费了。就像开篇故事中的小东，他就懂得利用"所处披萨店"的这个资源，并且对这个资源进行了分析，找到了省力省时的方法，实现了资源整合，高效解决了实际问题。

第二，懂得资源的互换。

很多时候，很多资源在我们的手中并没有太多的价值，然而这些资源可能对别人具有很重要的价值。这时候我们就可以利用"顺路思维"，将这些资源与他人互换，这样可以互通有无，既实现了资源整合的目的，又能够满足别人的需求，可谓两全其美。

例如，闲鱼网络平台就是一个可以实现资源互换的平台。自己闲置的衣服，或者家中不需要的旧物，都可以挂到闲鱼上出售，买家也可以选购自己需要的物品。

这个例子就是"顺路思维"哲学在互联网平台上的应用。闲鱼网络平台既能使那些人们不再需要的物品创造新的价值，又让那些需要廉价淘货的人们"顺路"买到自己需要的物品。正是通过这种顺路与借力的资源互换，我们的思维变得更加活跃。

综上所述，顺路思维哲学是一种经验与智慧的积累。它要求我们训练一种"全局式"的思维方式，只有统筹得当，对身边的事情、物件进行全面、事无巨细的统一安排和规划，才能更加"顺路"。这种借力打力的思维方式，让我们的生活与工作更加便利和高效。

日常应用

顺路思维在日常生活中有很多应用，这种思维方式的核心就是有效利用资源和时间，通过合并或优化路径来达成更多的目标。下面我们来看一些具体案例：

1. 购物途中的顺路取货

饭后，当你想去超市购物时，如果发现你要购买的商品在附近的另一家店也有出售，并且价格更优惠，这时候，你可以考虑改变原有的购物计划，顺路散步去那家便宜的店购买。这样既可以节约开支，又让自己的身体得到了锻炼，而且也不会花太多时间。

2. 社交活动的顺路安排

要想运用好顺路思维，一定要考虑周全。例如在安排与朋友或者家人的聚会时，可以尽量选择那些位于大家活动范围中心的地点，以便大家都能够"顺路"而来，这样既可以减少每个人的交通成本，又能增加聚会的便利性。

3. 旅行中的顺路参观

在旅行规划中，可以选择那些地理位置相近的景点进行顺路参观，这样既可以避免频繁地更换酒店等麻烦，又可以节省旅行成本和时间。同时，也可以根据景点的开放时间和游览顺序进行合理安排，使旅游更加高效。

双赢下的智者逻辑：爸爸和儿子的"合作"

☺ 幽默故事

小刚的爸爸刚出院，妈妈为了不让爸爸抽烟，对儿子小刚说："你来监督你老爸，如果抓他到抽烟，一次奖励一百元。"

妈妈和儿子小刚的话被爸爸偷听到了。趁妈妈离开，爸爸赶紧拉住儿子小刚说："我假装抽烟，你去给你妈说。你妈奖励的一百元钱咱俩四六分，你六我四就行！"

🎤 趣味点评

故事中最有趣的是爸爸和儿子的"双赢思维"。本来妈妈是让儿子监督爸爸是否吸烟。爸爸却利用"妈妈的奖赏"和儿子结成同盟。父子俩为了双赢，达成了合作。这可真是一起"坑妈"呀！

⚙ 逻辑学解读

什么是双赢思维？双赢思维是指各需求主体之间，通过调整彼此的目标与条件，使各自的需求相对得到满足的思维模式。双赢思维的本质是在满足我方的某种需求的基础上，来思考如何通过我方的付出（条件），去满足对方需求的思考过程。简单来说，就是并非"此消彼长，两败俱伤"，而是双方皆获利的合作思维。

双赢思维是一种积极的心态，强调相互合作、协调与共享资源。笑话中的小刚和爸爸就是通过建立"合作"，共享彼此的"小秘密资源"，实现相互协调下的互利共赢。并且具有双赢思维的人，都不只是单单关注自己的利益，更愿意关注他人的利益或者团队的利益。通过彼此之间的合作，实现双赢的目标，创造更大的价值。

双赢下的智者逻辑，首先就是要建立合作，那么合作的本质是什么呢？

合作就是人与人、人与群体、群体与群体之间为了一些共同的利益和目的，而彼此建立的一种联合行为。双赢思维下的合作更是一种默契的交流。下面我们来看一个故事：

时光飞逝，八个男孩都长大了，他们的父亲已经年老。他非常担忧，因为八兄弟虽然长大了，但是仍旧经常吵架，并不团结。

有一天，八个儿子在家又为了一点小事争吵不停。他们的父亲叹了口气走出了家门。他实在没有办法，只好去请教家族里的长老。长老非常有智慧，父亲希望他可以帮助自己改变儿子。

长老胸有成竹，村子里还没有他解决不了的问题。长老让男人将八个儿子都叫到祠堂，然后取出八根筷子，一根根地发给他们，说道："你们试一试，能不能将手中的筷子掰断。"

"这么简单的问题还用试吗？"八个儿子轻蔑地嘲笑着。果然，他们都轻松地将手中的筷子掰断了。

长老微微一笑，又拿出八根筷子，然后用绳子将它们牢牢地捆在一起，并说道："这次你们都来试一试，看一看谁能将这把筷子掰断？"

八个儿子依次尝试，他们都使出了最大的力气，可是都没有能力掰断这把筷子。

长老这时候认真地说道："孩子们，你们明白我的用意吗？你们八个整天为了一些小事争吵不停，做事情只考虑自己，根本不考虑其他兄弟，也不考虑你们年迈的父亲有多忧愁。这就好似一根单独的筷子，很容易就被折断。但是，如果你们能够像这八根筷子，牢牢地绑在一起，有了这股团结的力量，就很难被折断。你们要学会团结，不可以自私自利，明白了吗？"

这一席话让八个儿子幡然醒悟，一下子明白了团结与合作的力量。这让他们意识到过去的所作所为有多么愚蠢。他们跑到父亲身边，流着泪向父亲道歉，并保证从此以后八兄弟一定团结一致，一生友爱互利互助。

这个故事中的八个儿子，起初并不懂什么是合作与共赢，他们自私自利，天天争吵。这种现象在当今社会非常普遍，无论公司里的员工、家中的兄弟姐妹，还是竞争对手之间的明争暗斗，他们都被自己的利益蒙蔽了双眼，并不愿意对方获得利益。其实，这些普遍的争吵背后，代表着人与人之间的自私与愚昧。这时候人们的心胸是狭隘的，并没有把眼界放在彼此可以创造出更多的共同价值上。然而，一旦他们明白了什么是共赢，懂得了"八根筷子捆绑在一起的力量"，知道了什么是合作，就会创造出更大的共同价值。

你与自己是无法实现双赢的。双赢下的智者逻辑指的就是人与人之间建立的一种"彼此获利式"合作，那么，如何运用双赢思维来进行合作呢？

第一，详细了解对方的信息与价值。

如果你想利用双赢思维实现双方利益的共赢，就一定要了解对方的信息和彼此需要的价值。例如，幼儿园里，雯雯和丽丽一起吃早饭，雯雯喜欢吃豆角皮，丽丽喜欢吃豆角豆，她俩就达成共识，一起"合作干饭"，雯雯将豆角豆都剥离下来给丽丽吃，丽丽将豆角皮都剥离给雯雯，两个小朋友吃得心满意足。这就是一种了解彼此信息与价值的双赢合作，两个人都吃到了自己喜欢吃的东西。

第二，给利益增加筹码，让利益这个蛋糕更大。

在合作的条件下，如果想要将利益筹码加大，并且双方处在同一个团体里，那么双赢思维就是做增量，就是先把蛋糕做大，然后再去"分大蛋糕"。例如，公司里一名员工很优秀，他向经理提出涨工资的要求。经理知道，如果自己不同意，势必会打击这名员工的工作积极性，也许员工会跳槽，导致公司失去这名优秀员工。但是如果自己轻易地同意了给这位员工涨工资，其他员工一定也会吵着涨工资。于是，经理利用"双赢的增量思维"，提出要求，只要这名员工的销售业绩大幅度提升，并且提升到某个数值时，就会得到相应的提成。这种"双赢互利、公平"的奖励方式，不仅让这名员工可以获得相应的利益，公司也会增加效益。

第三，培养双赢思维有助于激发创新和合作精神。

在双赢思维下，人们鼓励彼此之间相互合作和分享，这有利于打造优异的企业文化以及创造更好的工作氛围。通过彼此双赢的合作，充分发挥每个人的优势和资源。同时，团队成员能够更好地协同工作，创造更大的价值。这种共赢思维可以成功激发彼此的创新能力，因为彼此之间是为了共同的目标而努力，团队也将产生巨大的创新力，推动彼此不断进步。

建立双赢思维下的智者逻辑，是一个持续性学习和应用的过程，通过对双赢思维的开发与应用，我们将成为与人合作之中的智者和胜者。这场博弈注定不是充满硝烟的战争，而是利益共赢与和谐的共同发展。

日常应用

双赢思维在日常生活中的应用广泛而重要，它强调通过合作和协商，找到让双方都满意的解决方案，实现双方利益最大化，这种思维模式有利于建立良好的人际关系，还能促进合作和共同发展。

1. 人际关系方面的应用

如果想要与家人、朋友或者同事之间相处和谐，就需要建立双赢思维，去理解和尊重对方的需求和观点，避免争吵。通过积极和谐的双赢性沟通和协商，可以找到既可以满足对方需求，又有利于自己的问题解决的方案，从而建立和谐的人际关系。例如，李梦最近在备考心理咨询师证，她学习了大量的心理学知识。正好她与闺女之间的关系不好，她就将所学用在闺女身上，深入与闺女进行了灵魂沟通，既加深了自己对心理学知识的理解，又化解了与闺女之间的心结，同时温暖了彼此。

2. 工作与团队合作的应用

在工作中，双赢思维有助于团队成员之间的协作。通过分享资源、相互支持和共同解决问题，可以实现团队的整体目标，同时也有利于提升个人的职业素养，促进个人的职业发展。例如，李浩然和王磊同是售楼处的员工，他们本是竞争关系，但是两个人达成了共识，双赢合作，看到来的客户是一个大家庭，李浩然负责搞定女主人，王磊负责陪着男主人去逛楼盘，两个人齐心协力，共同拿下订单，提成共享。

3. 家庭关系协调的应用

在家庭里，双赢思维可以帮助家庭成员更好地处理家庭纠纷。通过协商和寻找双方都能接受的解决方案，可以增加家庭成员之间的信任和亲密感，建立双赢下的和谐家庭。

"换汤不换药"的制胜战术：语言的魅力

😊 幽默故事

有两个台湾观光团到一处岛屿旅游。那里的路况很差，到处都坑坑洼洼。

一位导游连声对游客道歉，说路况不好，路面像极了麻子，给大家带来了不便。很显然，导游的道歉并不管用，游客们对此很不满意。

另一位导游带领的团队却完全不一样。导游正诗意盎然地对游客说："欢迎来到赫赫有名的台湾酒窝大道，这里的每一个酒窝都似天生的星辰陨落，踩到者可以实现心中的愿望。"游客们都兴致高昂、欢快地踩着坑坑洼洼的地面。

🎤 趣味点评

故事中同样是不好的路况，但是通过导游不同的语言和不同的思维，就会让游客们产生不同的态度。思维与语言可谓何等奇妙。故事中的第二位导游正是利用"换汤不换药"的制胜战术，为不好的路况换了一个好听的"说法",就成功改变了游客们的体验。

逻辑学解读

"换汤不换药"本是一种逻辑谬误,但是当它正向应用时,又可以变成一种逻辑制胜战术,是一种在保持原有基本框架或者核心优势、本质不变的前提下,通过外在形式或细节的改进,达到提升竞争力,实现更好的价值的策略思维。它也指将一些不好的观点或者事情换一个好听的名称或者更好的说法。虽然它是逻辑谬误,但是"换汤不换药"这剂"逻辑思维良方"一旦用得好,将在交际或者处理事情中起到出奇制胜的作用。

故事中的第二位导游非常有智慧,她将泥泞不堪、坑坑洼洼的坏路,利用"换汤不换药"的转化思维,描述成"诗意许愿大道",从而直接改变了游客的"旅游体验"。故事向我们充分展现语言魅力的同时,让我们看到了一个事实:给一个不好的事情换个说法,或许可以起到扭转乾坤的作用。

让我们再来看一则故事:

皇太后非常重视梦和预言。有一天,她晚上做梦梦到自己浑身是泥地跳进湖水里,湖水里的石头割断了她的头发。从梦中惊醒后,皇太后就十分焦虑。她觉得这个梦一定有特殊的寓意,心中不安。第二天,她就将这个梦讲给皇后与嫔妃们听。其中一个嫔妃听到后大惊,连忙说道:"太后,这个梦里的您浑身泥泞,而且湖中断发,证明您可能被人泼了脏水,并且阳寿有损,要及时补救啊!"

太后听后差点儿昏了过去。她最怕"阳寿"这类的话题，而且这位太后掌握一些朝政大权，最忌讳被人"泼脏水"挑毛病。等太后缓过神后，皇后当着太后的面大声呵斥那位妃嫔："快将这乱说话的嫔妃掌嘴！"

皇后笑盈盈地对太后说："母后，您受惊了。儿臣为您解忧。儿臣学过一些解梦之术。梦中的您满身泥泞掉入湖水中，又遭断发，乃是大吉之兆！证明您将洗尽不吉祥，湖水中的断发表示摆脱了业力之身，消灾消业延寿之兆啊！"

太后听了皇后的话，觉得是这个道理，于是心安下来。

这个故事中的嫔妃与皇后，对同样的梦境进行了不同的解说。嫔妃说是凶兆，并且损阳寿，这使得太后差点儿吓晕，还害自己被掌嘴责罚。皇后显然更有智慧。她为了安抚太后，利用"换汤不换药"的思维，把同样的事情全部换成了好的吉祥预兆，变成了"消灾消业延寿"之梦。可见这种变通的思维，真的是厉害的制胜战术。

在现代社会中，我们时常需要与不同的人进行交流，让他们理解我们的想法和观点。尤其在商业经营中，好的说辞与精彩的观点是商业成功的制胜法宝。同样的事情和方案，如果我们能够利用"换汤不换药"思维的精髓，去营造如同故事中那样精彩的语言氛围，利用正面的引导，将会产生商业奇效。

商场的大屏幕上正播放着百岁山矿泉水的广告。欧式的建筑，美丽的贵族女孩，还有充满神秘色彩的老人，在一则华丽的广告中，我们都记住了"百岁山"三个字，这则广告使百岁山矿泉水成为水中贵族的象征，而且还带有一丝神秘的色彩。

其实百岁山这个品牌的矿泉水，就是使用了"换汤不换药"的逻辑思维策略，并且实现了差异化竞争。他们在保持矿泉水"天然饮用水"功能的基础上，重点宣传了它的神秘与尊贵，还塑造了一段传奇的品牌故事。同时，还利用优美的音乐和充满魅力的语言展示了百岁山矿泉水的特色。这都使得百岁山矿泉水成功吸引了大量的消费者。这种策略使得该品牌在市场上独树一帜。这种"换汤不换药"的制胜战术，获得了消费者的广泛认可。

同时，在一些传统企业里，"换汤不换药"思维策略也被广泛应用，面对新兴技术的冲击和市场变革，市场中一些传统的大品牌企业，并未选择固守旧的经营模式，而是积极地寻找转型的契机。他们并不是摒弃了原有的"优秀营销本质"，而是在保留原有品牌影响力和市场渠道的基础上，采用了"换汤不换药"的思维模式，改变了一些细节和对产品进行了创新，同时引进先进的生产技术和管理理念，这样就使企业实现了从传统制造企业向智能制造企业的转型，突破了企业的发展瓶颈，迎来了新的发展机遇。

所以说，"换汤不换药"思维的正向应用，是个人发展与企业转换的制胜战术，希望我们都可以像故事中的导游一样懂得转换说法，口吐莲花，将这种正向思维妙用在我们的生活中。

日常应用

在我们的日常生活中，经常遇到各种问题和挑战，有时候，解决问题的方法看似简单，却蕴含着深刻的智慧，其中正确应用"换汤不换药"

这个逻辑思维，可以尝试在事物的形式或表象上做出改变，但是实质核心内容保持不变，以此来应对不同的情境和挑战。

1. 生活实例方面的应用

以家庭烹饪为例，做同一道菜，通过改变烹饪的方法、调料搭配或者摆盘形式，起一个吉祥如意的名字，就能使菜品呈现出不同的风味和视觉效果。这些变化并没有改变食物食材的根本，但是增加了菜品的多样性，甚至提升了用餐者的体验。在日常生活和工作中，我们也要借鉴这种思维方式，通过改变方法和策略以及细节，来提高工作、生活的体验和效率。

2. 培养思维的创造与创新能力

"换汤不换药"思维的应用，有利于培养人们的创新意识和创造能力。通过不断尝试新的形式、说法以及方法，可以有效地拓展我们的创新思维能力，激发创造灵感。并且这种思维有助于提高我们面对一些不好的事情时的应变能力，如果我们能够将不好的事情成功地进行"换汤不换药"，这将是正向思维能力在困境中的制胜应用。

3. 优化生活态度与行为方式

要更好地运用"换汤不换药"思维，我们需要调整自己的生活态度和行为方式。首先，要保持乐观、开放、积极的心态，勇于尝试新事物与新方法。其次，要善于观察和分析问题，抓住事物的本质，然后通过反思与总结，转化思维，来不断地碰撞出属于"奇迹"的正向事物转化。